全国高等职业教育"十三五"规划教材

智慧家庭终端开发教程

主　编　刘修文
副主编　阮永华　陈　铿
参　编　俞　建　朱林清　王小乐　王为福
　　　　付　敏　冯林强　范道应　薛林明
　　　　彭　星　李雨晨　孙正林　朱秉晗
　　　　岳　晗　唐　建

U0350168

机械工业出版社

本书共分为6章：第1章为基础知识，第2章为智慧家庭几种智能终端简介，第3章为智慧家庭终端的几种常见硬件，第4章为嵌入式软件开发，第5章为智慧家庭终端的开发，第6章为智慧家庭终端开发案例。其中第6章既有产品功能定位，又有单元电路原理图和主要元器件性能介绍。

　　本书内容丰富、语言通俗、图文并茂，可以作为高职高专院校物联网应用、智能终端技术与应用、智能产品开发等专业学生的教材，还适合广大创客、智能产品开发技术人员阅读，也可作为相关职位上岗培训班的教材。

　　本书配有授课电子课件，需要的教师可登录 www.cmpedu.com 免费注册，审核通过后下载，或联系编辑索取（QQ：1239258369，电话：010-88379739）。

图书在版编目（CIP）数据

智慧家庭终端开发教程/刘修文主编 . —北京：机械工业出版社，2018. 3
全国高等职业教育"十三五"规划教材
ISBN 978-7-111-59222-8

Ⅰ . ①智… 　Ⅱ . ①刘… 　Ⅲ . ①智能终端-开发-高等学校-教材
Ⅳ . ①TP334. 1

中国版本图书馆 CIP 数据核字（2018）第 035441 号

机械工业出版社（北京市百万庄大街 22 号　邮政编码 100037）
策划编辑：王　颖　责任编辑：王　颖
责任校对：樊钟英　责任印制：张　博
三河市国英印务有限公司印刷
2018 年 4 月第 1 版第 1 次印刷
184mm×260mm · 14 印张 · 334 千字
0001—3000 册
标准书号：ISBN 978-7-111-59222-8
定价：39.90 元

凡购本书，如有缺页、倒页、脱页，由本社发行部调换
电话服务　　　　　　　　　网络服务
服务咨询热线：010-88379833　机 工 官 网：www.cmpbook.com
读者购书热线：010-88379649　机 工 官 博：weibo.com/cmp1952
　　　　　　　　　　　　　　教育服务网：www.cmpedu.com
封面无防伪标均为盗版　　金 书 网：www.golden-book.com

全国高等职业教育规划教材
电子类专业编委会成员名单

出 版 说 明

《国务院关于加快发展现代职业教育的决定》指出：到 2020 年，形成适应发展需求、产教深度融合、中职高职衔接、职业教育与普通教育相互沟通，体现终身教育理念，具有中国特色、世界水平的现代职业教育体系，推进人才培养模式创新，坚持校企合作、工学结合，强化教学、学习、实训相融合的教育教学活动，推行项目教学、案例教学、工作过程导向教学等教学模式，引导社会力量参与教学过程，共同开发课程和教材等教育资源。机械工业出版社组织全国 60 余所职业院校（其中大部分是示范性院校和骨干院校）的骨干教师共同策划、编写并出版的"全国高等职业教育规划教材"系列丛书，已历经十余年的积淀和发展，今后将更加紧密结合国家职业教育文件精神，致力于建设符合现代职业教育教学需求的教材体系，打造充分适应现代职业教育教学模式的、体现工学结合特点的新型精品化教材。

"全国高等职业教育规划教材"涵盖计算机、电子和机电 3 个专业，目前在销教材 300余种，其中"十五""十一五""十二五"累计获奖教材 60 余种，更有 4 种获得国家级精品教材。该系列教材依托于高职高专计算机、电子和机电 3 个专业编委会，充分体现职业院校教学改革和课程改革的需要，其内容和质量颇受授课教师的认可。

在系列教材策划和编写的过程中，主编院校通过编委会平台充分调研相关院校的专业课程体系，认真讨论课程教学大纲，积极听取相关专家意见，并融合教学中的实践经验，吸收职业教育改革成果，寻求企业合作，针对不同的课程性质采取差异化的编写策略。其中，核心基础课程的教材在保持扎实的理论基础的同时，增加实训和习题以及相关的多媒体配套资源；实践性较强的课程则强调理论与实训紧密结合，采用理实一体的编写模式；涉及实用技术的课程则在教材中引入了最新的知识、技术、工艺和方法，同时重视企业参与，吸纳来自企业的真实案例。此外，根据实际教学的需要对部分课程进行了整合和优化。

归纳起来，本系列教材具有以下特点：

1）围绕培养学生的职业技能这条主线来设计教材的结构、内容和形式。

2）合理安排基础知识和实践知识的比例。基础知识以"必需、够用"为度，强调专业技术应用能力的训练，适当增加实训环节。

3）符合高职学生的学习特点和认知规律。对基本理论和方法的论述容易理解、清晰简洁，多用图表来表达信息；增加相关技术在生产中的应用实例，引导学生主动学习。

4）教材内容紧随技术和经济的发展而更新，及时将新知识、新技术、新工艺和新案例等引入教材。同时注重吸收最新的教学理念，并积极支持新专业的教材建设。

5）注重立体化教材建设。通过主教材、电子教案、配套素材光盘、实训指导和习题及解答等教学资源的有机结合，提高教学服务水平，为高素质技能型人才的培养创造良好的条件。

由于我国高等职业教育改革和发展的速度很快，加之我们的水平和经验有限，因此在教材的编写和出版过程中难免出现问题和疏漏。恳请使用这套教材的师生及时向我们反馈质量信息，以利于我们今后不断提高教材的出版质量，为广大师生提供更多、更适用的教材。

机械工业出版社

前　言

当前正处在一个"网络无处不在，万物皆可互联"的新时代，物联网、云计算、大数据以及各种各样的智能终端正逐步影响人们的日常工作和生活。随着信息技术的进一步发展，智慧家庭的概念开始真正地得到应用，通过无线技术逐步实现了由一个控制器对多个家用电器和家居设备的控制，同时还将物联网、安防、影音、医疗保健和监护、远程教育、社区服务等功能涵盖进来，以实现高效、舒适、安全、便利的居住环境。

中国电子技术标准化研究院于 2015 年 7 月发表了《智能终端与智慧家庭标准化白皮书》，该白皮书指出："智慧家庭是智能终端的主要应用场所，智能终端是智慧家庭的重要组成部分，智能终端与智慧家庭的融合发展，是人民群众物质和精神文化需求的提升，推动社会事业发展的重要手段之一。"

2017 年 7 月 8 日，国务院印发了《新一代人工智能发展规划》，提出要培育高水平人工智能创新人才和团队；支持和培养具有发展潜力的人工智能领军人才，加强人工智能基础研究、应用研究和运行维护等方面专业技术人才的培养；并提出要在中小学阶段设置人工智能的相关课程，推动人工智能领域一级学科建设，支持开展人工智能竞赛，鼓励进行形式多样的人工智能科普创作。

2017 年 9 月 25 日，在"砥砺奋进的五年"大型成就展上，海尔展出的互联互通的智慧家用电器，将"未来生活"由概念转化为现实，将人类带入了集健康、智慧、节能于一体的智慧家庭 3.0 时代。

由于智慧家庭是新兴行业，市场上急需一大批智慧家庭终端开发工程技术人员。为了更好地推动智慧家庭产业快速发展，促使中国经济从"中国制造"向"中国创造"转变，编者结合自身从事智慧家庭终端开发的实践经验，编写了《智慧家庭终端开发教程》一书。本书是高职教材《物联网技术应用——智能家居》（ISBN 978 - 7 - 111 - 50439 - 9）一书的升级版。《物联网技术应用——智能家居》一书主要介绍智能家居产品的应用，本书在应用的基础上，提高到开发设计智慧家庭终端。

本书共分为 6 章：第 1 章为基础知识，第 2 章为智慧家庭几种智能终端简介，第 3 章为智慧家庭终端的几种常见硬件，第 4 章为嵌入式软件开发，第 5 章为智慧家庭终端的开发，第 6 章为智慧家庭终端开发案例。

本书在编写时，突出实用性，注重可操作性。在写作上尽力做到由浅入深，语言通俗，图文并茂，力求帮助读者早日步入智慧家庭终端开发之门。

为确保教材的实用性、可操作性与内容新颖，编者参观了 2017 中国智慧家庭博览会（5 月 18 日~5 月 20 日），2017 上海国际智能家居展览会（9 月 5 日~9 月 7 日），并到广州、深圳、杭州和长沙等地深入到智慧家庭科研团队、生产厂家，亲身体验智慧家庭终端开发的全过程。自 2015 年 9 月确立图书选题到完成书稿，本书历时三载，九易其稿，十多位研发人员共同合作，终于编好这本《智慧家庭终端开发教程》。

本书在编写过程中，得到了杭州空灵智能科技有限公司、深圳彩易生活科技有限公司、移康智能科技（上海）股份有限公司、深圳亿佳音科技有限公司和深圳市指昂科技有限公司等的技术支持，同时参考了大量的近期出版的专业图书和有关网站技术资料，并引用了其中的一些资料。在此，表示衷心的感谢和诚挚的谢意！

本书由刘修文任主编，负责全书的大纲制定和书稿执笔编写，阮永华、陈铿任副主编，负责提供技术资料和产品实物图片。参加本书编写的还有俞建、朱林清、王小乐、王为福、付敏、冯林强、范道应、薛林明、彭星、李雨晨、孙正林、朱秉晗、岳晗、唐建。

本书内容丰富、语言通俗、图文并茂，可以作为高职高专院校物联网应用、智能终端技术与应用、智能产品开发等专业学生的教材，还适合广大创客、智能产品开发技术人员阅读，也可作为相关职位上岗培训班的教材。

鉴于智慧家庭终端在不断发展，有些产品标准尚未统一，加上编者水平有限，书中难免存在疏漏与不足，恳请专家和广大读者不吝赐教。

编　者

目　　录

第1章 基础知识

本章要点

- 了解智慧家庭与智能家居相关概念。
- 熟悉物联网的体系结构与关键技术。
- 熟悉无线传感器网络的组成与网络结构。
- 掌握家庭网络几种无线通信技术。
- 熟悉大数据与云计算。

1.1 智慧家庭与智能家居

1.1.1 智能家居的概念

智能家居是一个以家庭住宅为平台，兼备建筑、网络通信、信息家用电器、设备自动化，集系统、结构、服务、管理为一体的高效、舒适、安全、便利、环保的居住环境。智能家居通过物联网技术将家中的各种设备（如窗帘、空调、网络家用电器、音视频设备、照明系统、安防系统、数字影院系统以及三表抄送等）连接到一起，提供家用电器控制、照明控制、窗帘控制、安防监控、情景模式、远程控制、遥控控制以及可编程序定时控制等多种功能和手段，智能家居示意图如图 1-1 所示。

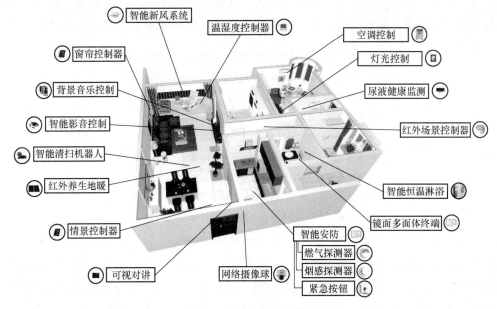

图 1-1　智能家居示意图

智能家居是一个集成性的系统体系环境，而不是单一个或一类智能设备的简单组合，传统的智能家居通过利用先进的计算机技术、网络通信技术和综合布线技术，将与家居生活有关的各种子系统有机地结合在一起，通过统筹管理，让家居生活更加舒适、安全、有效。与普通家居相比，智能家居不仅具有传统的居住功能，提供舒适安全、高品位且宜人的家庭生活空间；还由原来的被动静止结构转变为具有能动智慧的工具，提供全方位的信息交换功能，实现了人们与"家居对话"的愿望，帮助家庭与外部保持信息交流畅通，优化人们的生活方式，帮助人们有效安排时间，增强家居生活的安全性，甚至为各种能源费用节约资金。

简单地说，智能家居就是通过智能控制主机将家里的灯光、音响、电视、空调、电风扇、电水壶、电动门窗、安防监控设备甚至燃气管道等所有声、光、电设备连在一起，并根据用户的生活习惯和实际需求设置成相应的情景模式，无论何时何地，都可以通过电话、手机、平板式计算机或者个人计算机来操控或者了解家里的一切。如有外人进入家中，远在千里之外的手机也会收到家里发出的报警信息。

1.1.2 智慧家庭的概念

智慧家庭可以看作是智慧城市理念在家庭层面的体现，是信息化技术在家庭环境的应用落地。智慧家庭是智慧城市的最小单元，是以家庭为载体，以家庭成员之间的亲情为纽带，利用物联网、云计算、移动互联网和大数据等新一代信息技术，实现健康、低碳、智能、舒适、安全和充满关爱的个性化家居生活方式。智慧家庭是智慧城市的理念和技术在家庭层面的应用和体现。

智慧家庭依托核心是物联网非互联网，将数据化的服务推送到家庭中，智慧家庭是一套跨界的依据用户服务需求创新定义的服务产品整合系统，跨界领域包括智能家用电器、智慧娱乐、智能家居、智慧安防、智慧医疗、智能能源、智慧健康等部分，创新的服务需求包括智慧空气、智慧水管理、智慧食品加工与配送、情绪灯光与音乐、住家美容、智慧教育与儿童成长等人们直接感知的创新性产品，爱悠智慧家庭示意图如图 1-2 所示。

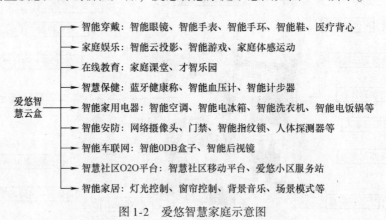

图 1-2　爱悠智慧家庭示意图

智慧家庭又称为智慧家庭服务平台，如海尔 U＋智慧生活平台的智能硬件包括 WiFi 模组、智能网关、智能终端三大板块，用户通过一部智能手机，一个 APP 就能搞定安全、健康、美食、洗护等 7 大智慧生态圈。海尔 U＋智慧生活平台如图 1-3 所示。

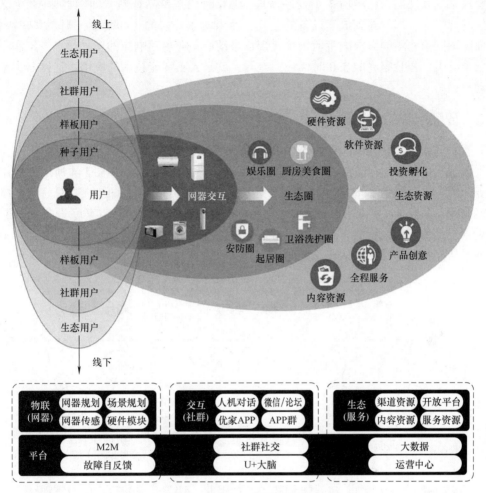

图 1-3 海尔 U + 智慧生活平台

海尔 U + 智慧生活平台不仅仅是个"云平台"而已,还要连接到"云端",背后需要大量的智能硬件来支撑。通过这些智能硬件来实现 7 大生态圈的智能化,打通物与物、物与人之间的接口。具体来说,这些硬件起到了一个人的智能作用。比如,WiFi 模组就可让家用电器自行组网,通过 WiFi 模组可将家中的空调、电冰箱、洗衣机等家用电器产品智能互联。

智能网关可让接入器变成服务器,简单来说,就是让数据收发中心(U + 路由器)具备服务功能。这样,作为家庭互联网络的入口,U + 路由器不仅承担着将智能手机、平板式计算机、台式计算机等移动终端连接到 U + 的云端服务器里的责任。还能通过 Smart Link 功能,做到自动识别家里的 U + 终端,自动连接的"聪慧"功能,达到用户不用再输入无线账号、密码,简单直接就能操控智能家用电器的效果。

智能终端就是指智能开关、智能监控、智能插座等具体的智能终端产品。

业内专家指出,"智慧家庭"不仅仅意味着智能家居产品形态的创新,它更是一种前所未有的全新商业模式。通过物联网和大数据,将智能硬件、物联网云平台、运营商和地产物业家装等角色有机组织起来,形成完整的生态架构,去满足消费者的"服务"需求,产业完成了"从卖产品到卖服务"的转型升级,新的商业模式由此而生。

智慧家庭发展至今已经历 3 个发展阶段：1.0 时代是单品智慧，即网器 + APP；2.0 时代是场景智能化，即网器到成套设备的迭代，而由海尔开启的 3.0 阶段，则是家庭智慧化，旨在面向不同家庭不同需求的生活场景实现从被动服务向主动响应的差异化场景定制。相对于前两个阶段，智慧家庭的 3.0 时代最大差异，就是人工智能技术的应用，让网器和生态具备主动意识。

1.1.3 智慧家庭的五层架构

智慧家庭作为物联网的一个分支，该系统架构大致可分为五层，自上到下依次为应用层、平台层、传输层、设备层、芯片和技术层，智慧家庭系统架构如图 1-4 所示。应用层负责服务运营，打通设备和内容，做好用户体验；平台层负责各设备间的数据信息、控制命令、能源的互联互通；传输层是具体的无线或有限的传递方式，决定家庭设备物联网的特质；设备层是传感和执行层，是家庭所有信息的源头和落脚点；芯片和技术层是为以上四层做服务，从而推动智慧家庭从概念走向现实。

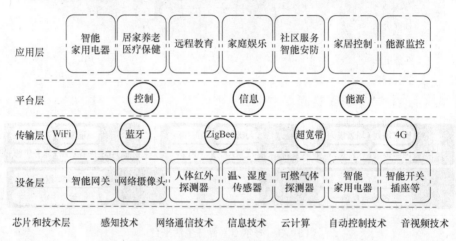

图 1-4　智慧家庭系统架构

从图 1-4 可知，智慧家庭的应用领域划分为 9 类，分别为智能家用电器、居家养老、医疗保健、远程教育、家庭娱乐、社区服务、智能安防、家居控制、能源监控。其中，智能家用电器将改变家庭日常的生活习惯，如同每个家用电器都有一个大脑，帮助用户制订吃穿住行计划，并及时提醒；医疗保健是指以物联网、移动互联网及云计算等技术为依托，通过健康保健类可穿戴式设备等多层次感知终端为数据采集来源，以智能显示终端为服务、资讯、个人健康信息档案为内容汇集终端，在健康保健信息系统的基础上，通过整合健康服务机构来为消费者提供健康保健信息服务；居家养老是指充分借助互联网、物联网等先进科技手段，形成基于云计算、大数据处理等以家庭为核心、以社区为依托、以专业化服务为依靠的新的养老模式，从而为居住在家的老年人提供以解决日常生活困难和健康问题为主要内容的社会化服务，主要包括一键式上门服务、远程健康咨询、身体状况监测、实时健康提醒、老人位置监控等；远程教育是以云概念为基础，以物联网为支撑，构建一个智能教育管理平台，以优质教育资源共建共享和应用，资源整合为中心，融入教学、学习，管理等各个领域，最终实现全民互动教育，逐步提高国人综合素质。远程教育的内容体现在远程视频授课、在线课堂讨论、个性化教学目标设置，突发事件指导等通过网络和智能电子设备进行学习的模式；智慧家庭在影音娱乐方面的应用是指用户通过智能手机、智能电视等智能终端产品，利用网络资源观看各种视频影音节目，获取最新娱乐资讯，并进行游戏、社交等活动，从而丰富人们的生活。影音娱乐是智慧家庭最广泛的应用之一，也是智慧家庭最初的和最显著的体现，它在视频点播、网络音乐、在线游戏、社交互动和实时娱乐资讯等方面均有体现；智能安防负责看护家庭安全，实现自动检测和报警；家居控制将传动灯、开关、窗帘和门磁等进行联动，形成不同情景模式的控制；能源监控是指家庭能源消费过程的计划、控制和监测等一系列设备和方法。通过家庭能源监控、能源统计、能源消费分析、重点能耗设备管理和能源计量设备管理等多种手段，使消费者对能源能源消耗比重、发展趋势有准确的掌握，并将家庭的能源消费规划自动分配到各个家庭智能化设备，达到家庭节能的目的，促进社会整体能耗的降低，保持环境健康和可持续发展；社区服务包括了智慧家庭物业基础设施、提供的相关服务要求、业务流程和方案能力要求，包括相关系统运营维护、服务信息接口和可靠性等管理要求。

智慧家庭中的设备种类繁多，相互间信息交互、共享非常复杂，需要一些平台进行衔接和统一管理。主要有 3 种平台，其中信息平台掌握所有家庭里的数据内容，须具备大的存储空间；控制平台掌握智能设备的控制指令，对稳定性要求极高；能源平台掌握家庭水、电、气的流向，保证智慧家庭的正常运转。

1.1.4 智慧家庭终端的技术特点

智慧家庭是智能终端的主要应用场所，智能终端是智慧家庭的重要组成部分，智能终端与智慧家庭的融合发展，是人民群众物质和精神文化需求的提升。同时，智能终端又是智慧家庭多种服务能够实现的基础，智慧家庭是智能终端发挥效用的主要场所。

面向个人消费市场的终端产品在发展之初，由于硬件和软件的限制，都是非智能终端，随着嵌入式软硬件系统的发展，智能终端逐步发展并取代非智能终端，成为市场的主流。而家庭网络也从最早的仅为了计算机进行网络布线转化为能够进行数字内容信息协同共享的数字家庭，现在正在逐步向具有多种应用场景及新型服务模式的智慧家庭转换。

从智能终端的硬件架构来讲，智能终端应有高集成度、高性能的嵌入式系统软硬件。智能终端是 SoC 的典型应用，其系统配置类似于个人计算机，既包含了中央处理器、存储器、显示设备和输入输出设备等硬件，还包含操作系统、应用程序和中间件等软件，要求系统的集成度高于个人计算机。

智能终端的硬件呈现集成度越来越高的现象，使得 SoC 单颗芯片的功能越来越多，SoC 的设计趋向于模块化，不同的芯片设计厂商设计不同的 IP 核，SoC 系统厂商将中央处理器单元和 IP 软核或硬核集成在单颗芯片中，提高了系统的集成度。

目前市场上用于智能终端的中央处理器主要包含 ARM 系列处理器、Intel ATOM 系列处理器等。这些高性能的处理器增强了智能终端的运行速度，为智能终端所承载的多业务、多应用提供了支持。智能终端硬件组成示意图如图 1-5 所示。

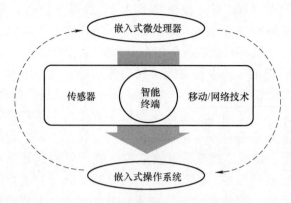

图 1-5　智能终端硬件组成示意图

1.1.5　智慧家庭与智能家居的区别

有关专家指出，"智能家居"和"智慧家庭"这两者之间的概念区别是："智能是手段，家居是设备；智慧是思想，家庭是亲情"。

智能家居强调的是连接与控制，把一些硬件单品联动控制起来，只是智慧家庭应用层里面的一个组成部分，参看图 1-2。而智慧家庭则是生活方式，以家庭为平台、以亲情为纽带，是让家中设备感知人的需求，更好地为人服务。它是一套跨界的依据用户服务需求创新定义的服务产品整合系统，跨界领域包括智能家用电器、智慧娱乐、智能家居、智慧安防、智慧医疗、智能能源和智慧健康等部分，创新的服务需求包括智慧空气、智慧水管理、智慧食品加工与配送、情绪灯光与音乐、住家美容、智慧教育与儿童成长等老百姓直接感知的创新性产品。

在技术模式上，两者也有所不同。智慧家庭包括是设备数据和生活经验数据的有机结合。它涉及两个方面，一个是机械设备的控制数据化模型，另一个是生活经验的数据化，比如医疗数据、情绪管理数据。最终依据两种数据的结合，在家庭里面实现差异化、自动化的服务，核心是物联网推动的数据与智能硬件适配进行的服务自动化以及与社区 O2O 服务的衔接的服务效率的提升。而这些是智能家居无法做到的。

智慧家庭必须要看两个关键点：一是建立可兼容互通的软件应用平台系统，高度开放的一体化家庭物联网理念；二是必须专注消费者需求。

家联国际提出了智慧家庭的四大要素：

1）互联。做到"家电互联、人家互联、家家互联"。

2）智能。做到"远程控制、智能分析，低碳节能"。

3）感知。做到"家庭环境、家人健康、家居安全"。

4）分享。做到"家人分享、朋友分享、网友分享"。

智慧家庭不是以简单的智能硬件产品来构建，而是以各种服务以及传统产业跨界产生的新服务作为这次智慧家产推动的动力，这就需要产业间的横向跨界。智慧家庭的核心在于提高生活服务的价值。

1.2 物联网

1.2.1 物联网的定义

由于物联网概念刚刚出现不久，随着对其认识的日益深刻，其内涵也在不断地发展、完善，所以目前人们对于物联网的定义有以下几种：

（1）定义1

1999年美国麻省理工学院Auto-ID研究中心提出的物联网概念如下：把所有物品通过射频识别（RFID）和条码等信息传感设备与互联网连接起来，实现智能化识别和管理。

（2）定义2

2005年国际电信联盟（1TU）在《The Internet of Things》报告中对物联网概念进行扩展，提出如下定义：任何时刻、任何地点、任意物体之间的互联，无所不在的网络和无所不在计算的发展愿景，除RFID技术外，传感器技术、纳米技术、智能终端等技术都将得到更加广泛的应用。

（3）定义3

2009年9月15日欧盟第7框架下RFID和物联网研究项目簇（CERP-IOT）在发布的《Internet of Things Strategic Research Roadmap》研究报告中对物联网的定义如下：物联网是未来互联网（Internet）的一个组成部分，可以被定义为基于标准的和可互操作的通信协议且具有自配置能力的动态的全球网络基础架构。物联网中的"物"都具有标识、物理属性和实质上的个性，使用智能接口，实现与信息网络的无缝整合。

从上述3种定义不难看出，"物联网"的内涵是起源于由RFID对客观物体进行标识并利用网络进行数据交换这一概念，并不断扩充、延展、完善而逐步形成的。

通过这些年的发展，物联网基本可以定义为：通过无线射频识别（RFID）、无线传感器等信息传感设备，按传输协议，以有线和无线的方式把任何物品与互联网相连接，运用"云计算"等技术，进行信息交换和通信等处理，以实现智能化识别、定位、跟踪、监控和管理等功能的一种网络。物联网是在互联网的基础上，将用户端延伸和扩展到任何物品与物品之间，在这个网络中，物品（商品）能够彼此进行"交流"，而无须人的干预。其实质是利用射频自动识别等技术，通过计算机互联网实现物品（商品）的自动识别和信息的互联与共享。

1.2.2 物联网的体系结构

物联网的突出特征是通过各种感知方式来获取物理世界的各种信息，结合互联网、有线网、无线移动通信网等进行信息的传递与交互，再采用智能计算技术对信息进行分析处理，从而提升人们对物质世界的感知能力，实现智能化的决策和控制。

物联网的体系结构通常被认为有3个层次，从下到上依次是感知层、网络层和应用层，如图1-6所示。

1. 感知层

物联网的感知层主要完成信息的采集、转换和收集。可利用射频识别（RFID）、二维

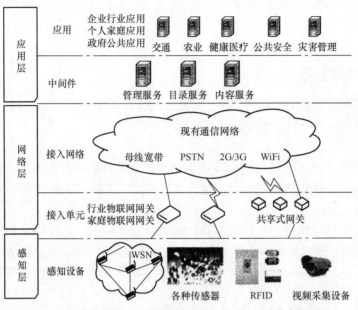

图 1-6　物联网的体系结构

码、GPS、摄像头、传感器等感知、捕获、测量技术手段，随时随地地对感知对象进行信息采集和获取。感知层包含两个部分，即传感器（或控制器）、短距离传输网络。传感器（或控制器）用来进行数据采集及实现控制，短距离传输网络将传感器收集的数据发送到网关，或将应用平台的控制指令发送到控制器。感知层的关键技术主要为传感器技术和短距离传输网络技术，例如物联网智能家居系统中的感知技术，包括无线温湿度传感器、无线门磁、窗磁、无线燃气泄漏传感器等；短距离无线通信技术（包括由短距离传输技术组成的无线传感网技术）将在后面介绍。

2. 网络层

物联网的网络层主要完成信息传递和处理。网络层包括两个部分，即接入单元、接入网络。接入单元是联接感知层的网桥，它汇聚从感知层获得的数据，并将数据发送到接入网络。接入网络即现有的通信网络，包括移动通信网、有线电话网、有线宽带网等。通过接入网络，人们将数据最终传入互联网。

例如物联网智能家居系统中的网络层还包括家居物联网管理中心、信息中心、云计算平台和专家系统等对海量信息进行智能处理的部分。网络层不但要具备网络运营的能力，还要提升信息运营的能力，如对数据库的应用等。在网络层中，尤其要处理好可靠传送和智能处理这两个问题。

网络层的关键技术既包含了现有的通信技术，如移动通信技术、有线宽带技术、公共交换电话网（PSTN）技术、无线联网（WiFi）通信技术等，又包含了终端技术，如实现传感网与通信网结合的网桥设备、为各种行业终端提供通信能力的通信模块等。

3. 应用层

物联网的应用层主要完成数据的管理和数据的处理，并将这些数据与各行业应用相结

8

合。应用层也包括两部分,即物联网中间件、物联网应用。物联网中间件是一种独立的系统软件或服务程序。中间件将许多可以公用的能力进行统一封装,提供给丰富多样的物联网应用。统一封装的能力包括通信的管理能力、设备的控制能力、定位能力等。

物联网应用是用户直接使用的各种应用,种类非常多,包括家庭物联网应用(如家用电器智能控制、家庭安防等),也包括很多企业和行业应用(如石油监控应用、电力抄表、车载应用和远程医疗等)。

应用层主要基于软件技术和计算机技术实现,其关键技术主要是基于软件的各种数据处理技术,此外云计算技术作为海量数据的存储、分析平台,也将是物联网应用层的重要组成部分。应用是物联网发展的目的,各种行业和家庭应用的开发是物联网普及的源动力,将给整个物联网产业链带来巨大利润。

1.2.3 物联网的关键技术

物联网是一种复杂、多样的系统技术,它将"感知、传输、应用"3项技术结合在一起,是一种全新的信息获取和处理技术。因此,从物联网技术体系结构角度解读物联网,可以将支持物联网的技术分为4个层次:感知技术、传输技术、支撑技术、应用技术。

1. 感知技术

感知技术是指能够用于物联网底层感知信息的技术,它包括射频识别(RFID)技术、传感器技术、无线传感器网络技术、遥感技术、GPS定位技术、多媒体信息采集与处理技术及二维码技术等。

2. 传输技术

传输技术是指能够汇聚感知数据,并实现物联网数据传输的技术,它包括互联网技术、地面无线传输技术、卫星通信技术以及短距离无线通信技术等。

3. 支撑技术

支撑技术是物联网应用层的分支,它是指用于物联网数据处理和利用的技术,包括云计算技术、嵌入式技术、人工智能技术、数据库与数据挖掘技术、分布式并行计算和多媒体与虚拟现实等。

4. 应用技术

应用技术是指用于直接支持物联网应用系统运行的技术,应用层主要是根据行业特点,借助互联网技术手段,开发各类行业应用解决方案,将物联网的优势与行业的生产经营、信息化管理、组织调度结合起来,形成各类物联网解决方案,构建智能化的行业应用。它包括物联网信息共享交互平台技术、物联网数据存储技术以及各种行业物联网应用系统。

1.2.4 物联网终端设备的发展趋势

物联网是现代信息技术发展到一定阶段后出现的一种聚合性应用与技术提升,将各种感知技术、现代网络技术和人工智能与自动化技术聚合与集成应用,使人与物智慧对话,创造一个智慧的世界。简单、便捷、节能是物联网应用普及的基本要求,物联网终端设备的发展所趋一般有以下几个方面:

1)高精传感器技术的发展将促使智能硬件不断朝着小型化方向发展,这一方面将使得智能硬件更精美，另外一方面将使得监测的灵敏度与准确性更高。

2）采用低功耗蓝牙与WiFi技术的产品将受到消费者的喜爱。随着短距离无线通信技术的普及，将更大程度地实现产品与智能设备的互动连接，从而提高智能设备使用的效率，这就使得制造商能够设计、制造并推出消费者买得起的产品，从而鼓励大众消费。

3）智能可穿戴产品将成为物联网世界中实现人与物交互的核心终端。智能可穿戴产品的普及也将对物联网发展起到关键的作用，例如4G移动通信技术的发展将大大降低智能可穿戴设备对数据处理和功耗的需求，反过来，又为制造商及消费者降低了相应的成本和花费，这将为物联网的普及、应用和发展带来巨大的正面效应。

4）智能硬件中集成计算芯片必将向尺寸更小、运行速度更快、功能更敏捷、产量更大的方向演化。物联网时代是一个计算无处不在的新时代，每个设备、每个物体都将具备计算能力。2014年1月，英特尔推出名为Edison的微型计算平台，这是一款针对智能硬件、可穿戴设备、物联网市场的新产品。它只有SD卡大小，采用22nm Quark双核SoC，集成WiFi、BLE、内存、存储区，预装Yocto Project Linux系统，支持Arduino、Python以及Wolfram环境，兼容超过30项业内标准I/O接口。在功耗方面，在正常模式下它的最高功率约为1W，而在低功耗模式下只有250mW，甚至更低。在不到一年的时间里，英特尔从客户中收集反馈意见，不断完善产品功能，终于在2014年年底推出了第二版Edison，虽然尺寸稍微放大了一些，但也远小于大家的想象。

1.2.5　窄带物联网（NB-IoT）

窄带物联网（Narrow Band Internet of Things，NB-IoT）是万物互联网络的一个重要分支，构建于通信蜂窝网络，本身只消耗大约180kHz的带宽，成本低，容量大，不占用正常的通信信道，可直接部署于GSM网络、UMTS网络或LTE网络，以降低部署成本、并实现面向5G的平滑升级。与此同时，NB-IoT采用全球通用物联网传输协议标准，基于4G-FDD LTE网络，通过软硬件系统升级实现业务部署，有效解决物联芯片能耗、待机时长等问题，可广泛应用于工业、农业等经济领域，交通、环保等城市运行领域，智能家居、健康医疗等生活领域，市政、气象等公共服务领域。支持车联网、基础设施智能管理、智能停车、水电暖民生应用智能化改造、城市安全监控、执法监管、安全生产等政府信息化项目应用，可整体提升智慧城市的建设水平和产业发展，窄带物联网体系结构如图1-7所示。

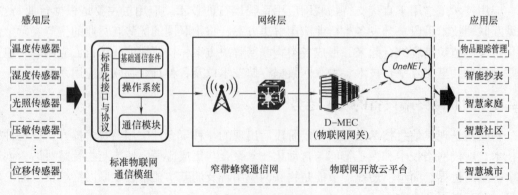

图1-7　窄带物联网体系结构

2017 年 4 月 1 日，海尔与中国电信、华为三方签署战略合作协议，共同研发基于新一代 NB－IoT 技术的物联网智慧生活方案。基于这个协议，即使在没有网络覆盖的地方也能够让用户更好的体验物联家用电器带来的方便，实现对智慧家用电器产品的远程控制、安防报警、运行状态监控等，避免了 WiFi、蓝牙距离太远无法连接的尴尬情况，以"永在线"的互联互通体验助推智慧生活的落地入户以及更多场景的衍生。

为满足更多场景的物联网部署需求，中国移动将同步推进 NB－IoT（窄带物联网）和 eMTC（增强机器类通信）两项新技术，计划 2017 年内实现全国范围内 NB－IoT 的全面商用，全年智能连接数增加 1 亿户，总规模达到两亿户。

2017 年 5 月 18 日，中国电信无锡分公司与小天鹅合作推出了国内首款物联网智能洗衣机。这款智能洗衣机可实现"人机对话"，使用者只要扫描一下洗衣机上的二维码，就能通过微信公众号或手机 APP 与洗衣机厂商沟通。使用者通过在手机上进行相关操作，洗衣机就能根据使用者提交的"指令"，进行投放洗衣剂等自动操作，并能解决一些用户的问题，比如有些种类的洗衣剂用户不知道在哪儿买，"交互平台"可自动帮助转接到相应商家；有些衣物不能机洗，"交互平台"可推荐最近的干洗店等。厂商则能通过传输过来的数据，实时了解洗衣机的工作状态，哪里出了问题，哪些程序需要更新，都能迅速掌握并及时解决。也就是说，洗衣机哪里出了问题，用户可能不是第一时间知道的，而厂商才是。而这些能够实现的手段就是窄带物联网技术，通过在洗衣机控制板上安装窄带物联网通信模块，就能实现数据控制和传输的双向管理，从而更好地呵护衣物。

NB－IoT 具备四大特点：一是广覆盖，将提供改进的室内覆盖，在同样的频段下，NB－IoT 比现有的网络增益 20dB，相当于提升了 100 倍覆盖区域的能力；二是具备支撑海量连接的能力，NB－IoT 一个扇区能够支持 10 万个连接，支持低延时敏感度、超低的设备成本、低设备功耗和优化的网络架构；三是更低功耗，NB－IoT 终端模块的待机时间可长达 10 年；四是更低的模块成本，企业预期的单个接连模块不超过 5 美元。

有关 NB－IoT 技术，必须先从物联网通信技术说起。从传输距离区分，物联网通信技术主要分为短距离通信技术和广域网通信技术，前者代表有 ZigBee、WiFi、Bluetooth 等，后者则是常说的 LPWAN（低功耗广域网）。LPWAN 技术同样分为两类，一类是工作在非授权频段的技术，如 Lora、Sigfox 等；另一类是工作在授权频段的技术，基于 3GPP 或 3GPP2 等国际标准。NB－IoT 即是在 3GPP 标准下新的窄带蜂窝通信 LPWAN 技术，旨在解决大量物与物之间的低功耗、低带宽、远距离传输的网络连接。

2017 年 6 月 28 日，在"中国移动物联网大会"上，中国移动首次推出 4 款 NB－IoT 通用模组，涵盖大中小各种尺寸；芯讯通无线科技有限公司推出 NB－IoT/eMTC/GSM 三模大尺寸通用模组；中国台湾联发科技股份有限公司（MTK）推出 NB－IoT 单模小尺寸及 NB－IoT/GSM 双模大尺寸通用模组，可供用户设计时参考选用。

窄带物联网技术的应用场景有很多，如公共事业、智慧城市、消费电子、设备管理、智能建筑、指挥物流、农业与环境以及文物保护等。智慧城市应用方面，如智能停车、智能路灯、空气检测、智能燃气、共享单车、白色家用电器、智能垃圾桶和智能窨井盖。还有一个值得期待的应用是在防汛领域，一些地势低洼处安装上带有窄带物联网通信技术的传感器后，可及时获得低洼处的水情，从而做到提前告知和预警。

1.3 无线传感器网络

1.3.1 无线传感器网络概述

无线传感器网络（WSN）最早由美国军方提出，起源于 1978 年美国国防部高级研究所计划署（DARPA）资助的卡耐基-梅隆大学进行分布式传感器网络的研究项目。当时没有考虑互联网及智能计算等技术的支持，强调无线传感器网络是由节点组成的小规模自组织网络，主要应用在军事领域。

例如在冷战时期，布设在一些战略要地的海底、用于检测核潜艇行踪的海底声响监测系统（Sound Surveillance System，SOSUS）和用于防空的空中预警与控制系统（Airbome Warning and Control System，AWACS），这种原始的传感器网络通常只能捕获单一信号，在传感器节点之间进行简单的点对点通信。

无线传感器网络技术的发展大致可分为 4 个阶段，如表 1-1 所示。

表 1-1　无线传感器网络技术的发展阶段

传感器网络发展阶段	时　间	主　要　特　点
第一代	20 世纪 70 年代	点对点传输，具有简单信息获取能力
第二代	20 世纪 80 年代	获取多种信息的综合能力
第三代	20 世纪 90 年代后期	智能传感器采用现场总线连接传感器构成局域网络
第四代	21 世纪至今	以无线传感器网络为标志，处于理论研究和应用开发阶段

1980 年，美国国防高级研究计划署（DARPA）又提出了分布式传感器网络（Distritruted Sensor Networks，DSN）项目，该项目开始了现代传感器网络研究的先河。1998 年，DARPA 再投入巨资启动了 SensIT 项目，目标是实现"超视距"的战场监测。这两个项目的根本目的是研究传感器网络的基础理论和实现方法，并在此基础上研制具有实用目的的传感器网络。美国军方启动的一些具有代表性的项目，主要包括：1999～2001 年间由 DARPA 资助，UCBerkelcy 承担的 SmartDust 项目；1999～2004 年间海军研究办公室 Sea Web 计划等。当前，在美国国防部高级规划署、美国自然科学基金委员会和其他军事部门的资助下，美国科学家正在对无线传感器网络所涉及的各个方面进行深入的研究。

在民用领域，从 1993 年开始美国许多知名高校、研究机构相继展开了对 WSN 的基础理论和关键技术的研究，其中具有代表性有 UCBerkeley 大学和 Intel 公司联合成立的被称为智能尘埃（Smart Dust）实验室：加州大学伯克利分校研制的传感器节点 Mica、MicaZ、Mica2Dot 已被广泛地用于无线传感器网络的研究和开发；美国加州大学（UCLA）的 WINS 实验室对如何为嵌入式系统提供分布式网络和互联访问能力进行了大量研究，提供了在同一个系统中综合微型传感器技术、低功耗信号处理、低功耗计算、低功耗低成本无线网络等技术的解决方案；RICE 大学研制的 Gnomes 传感器网络由低成本的定制节点组成，每个节点包含一个德州仪器（T1）的微控制器、传感器和一个蓝牙通信模块；2004 年在美国国家自然科学基金和国家健康协会的资助下，哈佛大学启动了 CodeBule 平台研究计划，目的是把

WSN 技术应用于医疗事业领域：包括医疗救急、灾害事故的快速反应、病人康复护理等方面。

日本总务省在 2004 年 3 月成立了"泛在传感器网络"调查研究会，主要的目的是对其研究开发课题、社会的认知性、推进政策等进行探讨。NEC、OKI 等公司已经推出了相关产品，并进行了一些应用试验。欧洲国家的一些大学和研究机构也纷纷开展了该领域的研究工作。学术界的研究主要集中在传感器网络技术和通信协议的研究上，也开展了一些感知数据查询处理技术的研究，取得了一些初步结果。

我国对无线传感器网络的发展非常重视。从 2002 年开始，国家自然科学基金、中国下一代互联网（CNGD）示范工程、国家"863"计划等已经陆续资助了多项与无线传感器网络相关的课题。另外，国内许多科研院所和重点高校近年来也都积极展开了该领域的研究工作。2004 年，中国国家自然科学基金委员会将无线传感器网络列为重点研究项目。2005 年，我国开始传感网的标准化研究工作。2006 年，《国家中长期科学与技术发展规划纲要（2006—2020）》列入了"传感器网络及智能信息处理"部分。对 WSN 的研究工作在我国虽然起步较晚，但在国家的高度重视和扶持下，已经取得了令人瞩目的成就。

21 世纪，电系统 MEMS、片上系统 SOC、低功耗微电子和无线通信等技术决定了 WSN 的自组织、低成本、低功耗等独特优势，在智能建筑、自然灾害、环境监测、现代农业、石油勘探、医疗护理和智能交通等领域都有着广阔的应用前景，也推动了家庭自动化的发展。

1.3.2 无线传感器网络的组成与网络结构

无线传感器网络是由大量体积小、成本低、具有无线通信和数据处理能力的传感器节点组成的。传感器节点一般由传感器、微处理器、无线收发器和电源组成，有的还包括定位装置和移动装置，无线传感器网络的组成框图如图 1-8 所示。

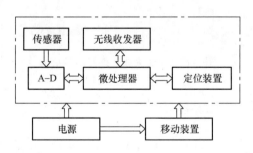

图 1-8　无线传感器网络的组成框图

无线传感器网络由许多密集分布的传感器节点组成，每个节点的功能都是相同的，它们通过无线通信的方式自适应地组成一个无线网络。各个传感器节点将自己所探测到的有用信息，通过多跳中转的方式向指挥中心（主机）报告。传感器节点配备有满足不同应用需求的传感器，如温度传感器、湿度传感器、光照度传感器、红外线感应器、位移传感器、压力传感器等。

传感器节点由传感单元、处理单元、无线收发单元和电源单元等几部分组成，无线传感器网络节点结构如图 1-9 所示。

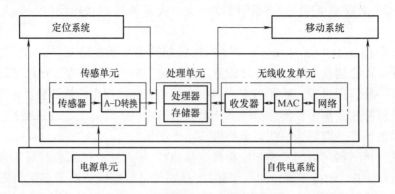

图 1-9　无线传感器网络节点结构

传感单元由传感器和 A–D 转换模块组成，用于感知、获取监测区域内的信息，并将其转换为数字信号；处理单元由嵌入式系统构成，包括处理器、存储器等，负责控制和协调节点各部分的工作，存储和处理自身采集的数据以及其他节点发来的数据；无线收发单元由无线通信模块组成，负责与其他传感器节点进行通信，交换控制信息和收发采集数据；电源单元能够为传感器节点提供正常工作所必需的能源，通常采用微型电池。

典型无线传感器网络结构如图 1-10 所示。

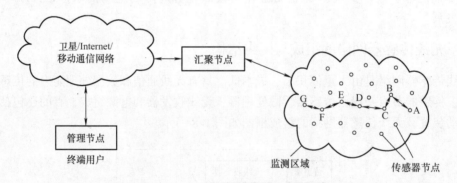

图 1-10　典型无线传感器网络结构

1.3.3　无线传感器网络的体系结构

无线传感器网络（WSN）是由部署在监测区域内大量传感器节点相互通信形成的多跳自组织网络系统，是物联网底层网络的重要技术形式。随着无线通信、传感器技术、嵌入式应用和微电子技术的日趋成熟，WSN 可以在任何时间、任何地点、任何环境条件下获取人们所需信息，为物联网（IOT）的发展奠定基础。

无线传感器网络的体系结构由分层的网络通信协议、网络管理平台以及应用支撑平台三个部分组成，无线传感器网络的体系结构如图 1-11 所示。

1. 网络通信协议

网络通信协议类似于传统 Internet 网络中的 TCP/IP 协议体系，由物理层、数据链路层、网络层、传输层和应用层组成。

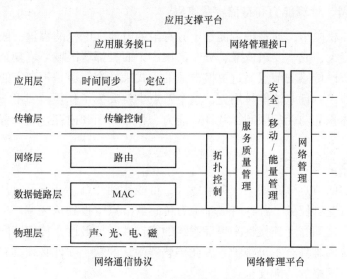

图 1-11　无线传感器网络的体系结构

物理层负责信号的调制和数据的收发，所采用的传输介质主要有无线电、红外线、光波等；数据链路层负责数据成帧、帧检测、媒体访问和差错控制。其中，媒体访问协议保证可靠的点对点和点对多点通信；差错控制则保证源节点发出的信息可以完整无误地到达目标节点；网络层负责路由发现和维护。通常，大多数节点无法直接与网关通信，需要通过中间节点以多跳路由的方式将数据传送至汇聚节点；传输层负责数据流的传输控制，主要通过汇聚节点采集传感器网络内的数据，并使用卫星、移动通信网络、Internet 或者其他的链路与外部网络通信，是保证通信服务质量的重要部分。

2. 网络管理平台

网络管理平台主要是对传感器节点自身的管理以及用户对传感器网络的管理，它包括了拓扑控制、服务质量管理、能量管理、安全管理、移动管理以及网络管理等。

3. 应用支撑平台

应用支撑平台是建立在分层网络通信协议和网络管理技术的基础之上，它包括一系列基于监测任务的应用层软件，通过应用服务接口和网络管理接口来为终端用户提供各种具体应用的支持。

无线传感器网络的通信协议和应用要求各节点间的时钟必须保持同步，这样多个传感器节点才能相互配合工作。此外，节点的休眠和唤醒也要求时钟同步。

节点定位是确定每个传感器节点的相对位置或绝对位置，节点定位在军事侦察、环境监测、紧急救援等应用中尤为重要。

1.3.4　无线传感器网络的特点

无线传感器网络是集信息采集、数据传输、信息处理于一体的综合智能信息系统。与传统无线网络相比在通信方式、动态组网以及多跳通信等方面有许多相似之处，但同时也存在很大的差别。无线传感器网络具有许多鲜明的特点：

1. 节点的能量、计算能力和存储容量有限

传感器节点体积微小，通常携带能量十分有限的电池。电池的容量一般不是很大。由于传感器节点数目庞大，成本要求低廉，分布区域广，而且部署区域环境复杂，有些区域甚至人员不能到达，所以传感器节点通过更换电池的方式来补充能源是不现实的，如果不能给电池充电或更换电池，一旦电池能量用完，这个节点也就失去了作用（死亡）；另外传感器节点由于受价格、体积和功耗的限制，其计算能力、程序空间和内存空间比普通的计算机功能要弱很多。

2. 节点数量大，密度高

传感器网络中的节点分布密集，数量巨大，可能达到几百、几千万，甚至更多。此外为了对一个区域执行监测任务，往往有成千上万传感器节点空投到该区域。传感器节点分布非常密集，利用节点之间高度连接性来保证系统的容错性和抗毁性。传感器网络的这一特点使得网络的维护十分困难甚至不可维护，因此传感器网络的软、硬件必须具有高强壮性和容错性，以满足传感器网络的功能要求。

3. 拓扑结构易变化，具有自组织能力

在传感器网络应用中，节点通常被放置在没有基础结构的地方。传感器节点的位置不能预先精确设定，节点之间的相互邻居关系预先也不知道，而是通过随机布撒的方式。这就要求传感器节点具有自组织能力，能够自动进行配置和管理，通过拓扑控制机制和网络协议自动形成转发监控数据的多跳无线网络系统。同时，由于部分传感器节点能量耗尽或环境因素造成失效，以及经常有新的节点加入，或是网络中的传感器、感知对象和观察者这三要素都可能具有移动性，这就要求传感器网络必须具有很强的动态性，以适应网络拓扑结构的动态变化。

4. 数据为中心

无线传感器网是以数据为中心的网络。传感器网络的核心是感知数据，而不是网络硬件。观察者感兴趣的是传感器产生的数据，而不是传感器本身。观察者不会提出这样的查询："从 A 节点到 B 节点的连接是如何实现的？"他们经常会提出如下的查询："网络覆盖区域中哪些地区出现毒气？"在传感器网络中，传感器节点不需要地址之类的标识。因此，传感器网络是一种以数据为中心的网络，

5. 多跳路由，采用空间位置寻址方式

网络中节点通信距离有限，一般在几百米范围内，节点只能与它的邻居直接通信。如果希望与其射频覆盖范围之外的节点进行通信，则需要通过中间节点进行路由。固定网络的多跳路由使用网关和路由器来实现，而无线传感器网络中的多跳路由是由普通网络节点完成的，没有专门的路由设备。这样每个节点既可以是信息的发起者，又是信息的转发者，并采用空间位置寻址方式。

6. 节点出现故障的可能性较大

由于 WSN 中的节点数目庞大，分布密度超过如 Ad hoc 网络那样的普通网络，而且所处环境可能会十分恶劣，所以出现故障的可能性会很大。有些节点可能是一次性使用，可能会无法修复，所以要求其有一定的容错率。

1.4 家庭网络几种无线通信技术

1.4.1 无线通信技术概述

无线通信是利用电磁波信号可以在自由空间中传播的特性进行信息交换的一种通信方式，近些年信息通信领域中，发展最快、应用最广的就是无线通信技术。在移动中实现的无线通信又通称为移动通信，人们把二者合称为无线移动通信。

无线通信离不开无线网络，凡是采用无线传输媒体的网络都可称为无线网络，无线媒体可以是无线电波、红外线或激光等。无线网络是由许多独立的无线节点之间，通过空气中的无线电波/光波，构成的无线通信网络。无线通信网络根据覆盖距离的不同，分为无线个域网（WPAN）、无线局域网（WLAN）、无线城域网（WMAN）和无线广域网（WWAN）等。

随着无线通信技术的发展，国际电气和电子工程师协会（IEEE）于1997年制定出第一个无线局域网标准 IEEE 802.11。此后 IEEE 802.11 迅速发展了一个系列标准，并在家庭、中小企业、商业领域等方面取得了成功的应用。1999年，IEEE 成立了 802.16 工作组开始研究建立一个全球统一的宽带无线接入城域网（WMAN）技术规范。虽然宽带无线接入技术的标准化历史不长，但发展却非常迅速。已经制定的标准有 IEEE 802.11、IEEE 802.15、IEEE 802.16、IEEE 802.20、IEEE 802.22 等。图 1-12 和表 1-2 给出了 IEEE 802 无线标准体系及其特征对比。

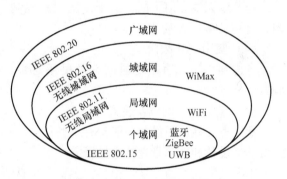

图 1-12　IEEE 802 无线标准体系

表 1-2　IEEE 802 无线体系及其特征比较

标准系列	工作频段	传输速率	覆盖距离	网络应用	主要特性及应用
802.20x	3.5GHz 以下	16Mbit/s 40Mbit/s	1~15km	WWAN	点对多点无线连接，用于高速移动的无线接入，移动中用户的接入速率可达 1Mbit/s 面向全球覆盖
802.16x	2~11/11~66GHz	70Mbit/s	1~50km	WMAN	点对多点无线连接，支持基站间的漫游与切换，用于①WLAN 业务接入；②无线 DSL，面向城域覆盖；③移动通信基站回程链路及企业接入网
802.11x	2.4/5GHz	1~54Mbit/s 600Mbit/s	100m	WLAN	点对多点无线连接，支持 AP 间的切换，用于企业 WLAN、PWLAN、家庭/SOHO 无线网关
802.15x	2.4GHz/ 3.1~10.6GHz	0.25/1~55/110Mbit/s	10~75m/10m	WPAN	点对点短距离连接，工作在个人操作环境，用于家庭及办公室的高速数据网络，802.15.4 工作在低速率家庭网络

短距离无线通信涵盖了无线个域网（WPAN）和无线局域网（WLAN）的通信范围。其中 WPAN 的通信距离可达 10m 左右，而 WLAN 的通信距离可达 100m 左右。除此之外，通信距离在毫米至厘米量级的近距离无线通信（NFC）技术和可覆盖几百米范围的无线传感器网络（WSN）技术的出现，进一步扩展了短距离无线通信的涵盖领域和应用范围。

短距离无线通信有如下特点。

（1）低功耗

由于短距离无线应用的便携性和移动特性，低功耗是基本要求；另一方面，多种短距离无线应用可能处于同一环境之下，如 WLAN 和微波 RFID，在满足服务质量的要求下，要求有更低的输出功率，避免造成相互干扰。

（2）低成本

短距离无线应用与消费电子产品联系密切，低成本是短距离无线应用能否推广和普及的重要决定因素。此外，如 RFID 和 WSN 应用，需要大量使用或大规模敷设，成本成为技术实施的关键。

（3）多为室内环境下应用

与其他无线通信不同，由于作用距离限制，大部分短距离应用的主要工作环境是在室内，特别是 WPAN 应用。

（4）使用 ISM 频段

考虑到产品和协议的通用性及民用特性，短距离无线技术基本上使用免许可证 ISM 频段。

（5）电池供电的收发装置

短距离无线应用设备一般都有小型化、移动性要求。在采用电池供电后，需要进一步加强低功耗设计和电源管理技术的研究。

物联网的无线通信技术很多，主要分为两类：一类是 ZigBee、WiFi、蓝牙、Z-wave 等短距离通信技术；另一类是 LPWAN（低功耗广域网），即广域网通信技作于授权频谱下，3GPP 支持的 2/3/4G 蜂窝通信技术，比如 EC-GSM、LTE Cat-m、NB-IoT 等。

1.4.2　ZigBee 技术

1. 概述

ZigBee 技术是一种近距离、低功耗、低速率以及低成本的双向无线通信技术。主要用于距离短、功耗低且传输速率不高的各种电子设备之间进行数据传输以及典型的有周期性数据、间歇性数据和低反应时间数据传输的应用。因此非常适用于智能硬件的无线控制指令传输。

ZigBee 是一种高可靠的无线数据传输网络，类似于 CDMA 和 GSM 网络。ZigBee 数据传输模块类似于移动网络基站，最多可达 6.5 万个。在整个网络范围内，每一个 ZigBee 网络数据传输模块之间可以相互通信，每个网络模块间的通信距离可以从标准的 75m 无限扩展。

ZigBee 技术采用 DSSS（直接序列扩频）扩频技术，使用的频段分为 2.4GHz（全球）、868MHz（欧洲）和 915MHz（美国），而且均为免付费、免申请的无线电频段。3 个频段传输速率分别为 20kbit/s、40kbit/s 与 250kbit/s。

ZigBee 采用自组网的方式进行通信，也是无线传感器网领域最为著名的无线通信协议。

在无线传感器网络中，当某个传感器的信息从某条通信路径无法顺畅的传递出去时，动态路由器会迅速的找出另外一条近距离的信道传输数据，从而保证了信息的可靠传递。

到目前为止 ZigBee 技术主要是基于两个标准，一个是 ZigBee 联盟所制定的 V1.0 规范，另一个是 IEEE 802.15.4 工作组所制定的低速、近距离的无线个域网标准。V1.0 规范是基于 IEEE 802.15.4 标准基础之上的，两个规范都满足 OSI 参考模型。

ZigBee 的底层技术基于 IEEE 802.15.4，即其物理层和媒体访问控制层直接使用了 IEEE 802.15.4 的定义。IEEE802.15.4 规范是一种经济、高效、低数据速率（＜250kbit/s）、工作在 2.4GHz 和 868/915MHz 的无线技术，用于个人区域网和对等网络。它是 ZigBee 应用层和网络层协议的基础。ZigBeeHA 协议是智能家居行业的统一标准。

ZigBee 技术是一组基于 IEEE 802.15.4 无线标准研制开发的，有关组网、安全和应用软件方面的技术标准，无线个人局域网工作组 IEEE802.15.4 技术标准是 ZigBee 技术的基础，ZigBee 技术建立在 IEEE 802.15.4 标准之上，IEEE 802.15.4 只处理低级 MAC 层和物理层协议，ZigBee 联盟对其网络层协议和 API 进行了标准化。

ZigBee 联盟于 2015 年 11 月发布的 ZigBee3.0 版标准，强化低延迟与低功耗优势，并加入网际网路通信协定（IP）支援能力，能大幅简化家中各种装置互连设计的复杂度，同时实现让用户以 IP 网路进行远端操控，因而成为打造智慧家庭的理想技术。

ZigBee 技术体系基本架构如图 1-13 所示。

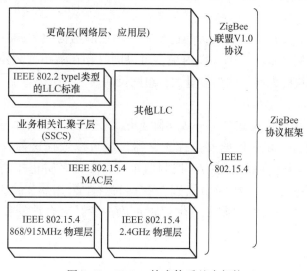

图 1-13 ZigBee 技术体系基本架构

2. 特点

作为一种无线通信技术，ZigBee 具有如下特点：

（1）功耗低

ZigBee 网络模块设备工作周期较短、传输数据量很小，且使用了休眠模式（当不需接收数据时处于休眠状态，当需要接收数据时由"协调器"唤醒它们）。因此，ZigBee 模块非常省电，2 节 5 号干电池可支持 1 个模块工作 6~24 个月，甚至更长。这是 ZigBee 的突出优势，特别适用于无线传感器网络。

（2）成本低

由于 ZigBee 协议栈设计非常简单（不到蓝牙的 1/10），所以降低了对通信控制器的要求。普通网络模块硬件只需 8 位微处理器，4～32KB 的 ROM，且软件实现也很简单。ZigBee 协议是免专利费的，每块芯片的价格低于 1 美元。

（3）可靠性高

ZigBee 采用了 CSMA/CA 碰撞避免机制，同时为需要固定带宽的通信业务预留了专用时隙，避免了发送数据时的竞争和冲突。MAC 层采用了完全确认的数据传输机制，每个发送的数据包都必须等待接收方的确认信息。所以从根本上保证了数据传输的可靠性。如果传输过程中出现问题可以进行重发。

（4）时延短

ZigBee 技术与蓝牙技术的时延相比，其各项指标值都非常小。通信时延和从休眠状态激活的时延都非常短，典型的搜索设备时延 30ms，而蓝牙为 3～10s。休眠激活时延为 15ms，活动设备信道接入时延为 15ms。因此 ZigBee 技术适用于对时延要求苛刻的无线控制（如工业控制场合等）应用。

（5）数据传输速率低

ZigBee 工作在 20～250kbit/s 的较低速率，它分别提供 20kbit/s（868MHz）、40kbit/s（915MHz）与 250kbit/s（2.4GHz）的原始数据吞吐率，满足低速率传输数据的应用需求。

（6）网络容量大

相比于蓝牙网络只支持 7 个从设备的连接，一个星形结构的 ZigBee 网络最多可以容纳一个主设备和 254 个从设备，一个区域内最多可以同时存在 100 个 ZigBee 网络，这样，最多可组成 65000 个模块的大网，网络容量大，组网灵活。

（7）安全性好

ZigBee 提供了三级安全模式。第一级实际上是无安全方式，对于某种应用，如果安全并不重要或者上层已经提供足够的安全保护，器件就可以选择这种方式来转移数据；对于第二级安全级别，器件可以使用接入控制清单（ACL）来防止非法器件获取数据，在这一级不采取加密措施；第三级安全级别在数据转移中采用属于高级加密标准（AES）的对称密码，AES 可以用来保护数据净荷和防止攻击者冒充合法器件，以灵活地确定其安全性。

（8）有效范围小

ZigBee 有效覆盖范围 10～75m，具体依据实际发射功率的大小和各种不同的应用模式而定，基本上能够覆盖普通的家庭或办公室环境。

（9）兼容性好

ZigBee 技术与现有的控制网络标准无缝集成。通过网络协调器自动建立网络，采用载波侦听/冲突检测（CSMACA）方式进行信道接入。为了可靠传递，还提供全握手协议。

3. 应用领域

ZigBee 技术的应用领域主要包括家庭和楼宇网络、工业控制、公共场所、农业控制、商业和医疗等。ZigBee 技术的应用领域如图 1-14 所示。

图 1-14　ZigBee 技术的应用领域

1.4.3　蓝牙技术

1. 概述

"蓝牙"（Bluetooth）是一种短距离无线通信技术规范，它将计算机技术与通信技术更紧密地结合在一起，使得现代一些轻易携带的移动通信设备和计算机设备，不必借助电缆就能联网，随时随地进行信息的交换与传输。除此之外，蓝牙技术还可为数字网络和外设提供通用接口，以组建远离固定网络的个人特别联接设备群。蓝牙技术主要面向网络中各类数据及语音设备（如 PC、拨号网络、笔记本式计算机、打印机、数码相机、移动电话和高品质耳机等，通过无线方式将它们联成一个微微网，多个微微网之间也可以互联形成分布式网络，从而方便、快速地实现各类设备之间的通信。它是实现语音和数据无线传输的开放性规范，是一种低成本、短距离的无线联接技术。其中无线收发器是很小的一块芯片，大约有 9mm×9mm，可方便地嵌入到便携式设备中，从而增加设备的通信选择性。

蓝牙技术最早始于 1994，由瑞典爱立信研发。1998 年 5 月，爱立信、诺基亚、东芝、IBM 和英特尔公司等 5 家著名厂商，在联合开展短程无线通信技术的标准化活动时提出了蓝牙技术，其宗旨是提供一种短距离、低成本的无线传输应用技术。

蓝牙协议的标准版本为 IEEE 802.15.1，新版 IEEE 802.15.1a 基本等同于蓝牙技术规范 V1.2 标准，具备一定的 QoS 特性，并完整保持后向兼容性。截止目前蓝牙技术规范已经更新了 10 个版本，分别为蓝牙 1.0/1.1/1.2/2.0/2.1/3.0/4.0/4.1/4.2/5.0。蓝牙 4.2 标准数据传输速率可达 1Mbit/s、隐私功能更强大，IPv6 网络支持。全新蓝牙 5.0 标准在性能上将远超蓝牙 4.2LE 版本，包括在有效传输距离上将是 4.2LE 版本的 4 倍，也就是说，理论上，蓝牙发射和接收设备之间的有效工作距离可达 300m。而传输速度将是 4.2LE 版本的两倍，速度上限为24Mbit/s。另外，蓝牙5.0还支持室内定位导航功能，可以作为室内导航信标或类似定位设备使用，结合WiFi可以实现精度小于1m的室内定位。这样，用户就可以在那些非常大的商场中通过支持蓝牙5.0的设备找到路线。另外，蓝牙5.0针对物联网进行了很多底层优化，力求以更低的功耗和更高的性能为智能家居服务。自2016年年底蓝牙5.0标准发布后，蓝牙技术联盟一直在推动蓝牙5.0投入市场。蓝牙5.0将运用于无线可穿戴、工业、智能家庭和企业市场领域。

蓝牙技术规范的目的是使符合该规范的各种应用之间能够互通，为此，本地设备与远端设备需要使用相同的协议栈。不同的应用可以在不同的协议栈上运行。但是，所有的协议栈都要使用蓝牙技术规范中的数据链路层和物理层。完整的蓝牙协议栈如图1-15所示，在其顶部支持蓝牙使用模式的相互作用的应用被构造出来。不是任何应用都必须使用全部协议，相反，应用只会采用蓝牙协议栈中垂直方向的协议。图1-15显示了数据经过无线传输时，各个协议如何使用其他协议所提供的服务，但在某些应用中这种关系是有变化的，如需控制连接管理器时，一些协议如逻辑链路控制应用协议（L2CAP），二元电话控制规范（TCSBinary）可使用链路管理协议（LMP）。完整的协议包括蓝牙专用协议（LMP和L2CAP）和蓝牙非专用协议（如对象交换协议OBEX和用户数据报协议UDP）。设计协议和协议栈的主要原则是尽可能利用现有的各种高层协议，保证现有协议与蓝牙技术的融合及各种应用之间的互通性，充分利用兼容蓝牙技术规范的软/硬件系统。蓝牙技术规范的开放性保证了设备制造商可自由地选用蓝牙专用协议或常用的公共协议，在蓝牙技术规范基础上开发新的应用。

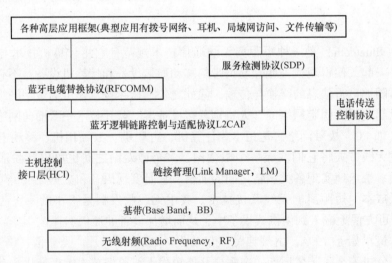

图1-15　蓝牙协议栈

蓝牙协议体系中的协议由SIG分为4层。

1）蓝牙核心协议：基带协议（Base Band）、链路管理协议（LMP）、逻辑链路控制和适配协议（L2CAP）、服务检测协议（SDP）。

2）电缆替换协议：RFCOMM。

3）电话传送控制协议：TCS Binary、AT Commands。

4）选用协议：PPP、UDP/TCP/IP、OBEX、vCard、vCal、IrMC、WAE。

除上述协议层外，蓝牙规范还定义了主机控制器接口（HCl），它为基带控制器、连接管理器提供命令接口，并且可通过它访问硬件状态和控制寄存器。HCI 位于 L2CAP 的下层，但 HCI 也可位于 L2CAP 上层。蓝牙核心协议由 SIG 制定的蓝牙专利协议组成，绝大部分蓝牙设备都需要蓝牙核心协议（包括无线部分），而其他协议根据应用的需要而定。总之，电缆替换协议、电话控制协议和被采用的协议构成了面向应用的协议，允许各种应用运行在核心协议之上。

2. 特点

蓝牙技术具有以下特点：

（1）低成本，全球范围适用

蓝牙技术使用的是 2.4GHz 的 ISM 频段。现有的蓝牙标准定义的工作频段为 2.402 ~ 2.480MHz，这是一个无须向专门管理部门申请频率使用权的频段。

（2）便于使用

蓝牙技术的程序写在一个不超过 $1cm^2$ 的微芯片中，并采用微微网与散射网络结构及调频和短包技术。与其他工作在相同频段的系统相比，蓝牙跳频更快，数据包更短，这使蓝牙技术比其他系统都更稳定。

（3）安全性高和抗干扰能力强

蓝牙无线收发器采用扩展频谱跳频技术。把 2.402 ~ 2.480MHz 以 1MHz 划分为 79 个频点，根据主单元调频序列，采用每秒 1600 次快速调频。跳频是扩展频谱常用的方法之一，在一次传输过程中，信号从一个频率跳到另一个频率发送，而频率点的排列顺序是伪随机的，这样蓝牙传输不会长时间保持在一个频率上，也就不会受到该频率信号的干扰。

（4）低功耗

蓝牙设备在通信连接状态下，有 4 种工作模式：激活模式、呼吸模式、保持模式和休眠模式。激活模式是正常的工作状态，另外 3 种模式是为了节能所规定的低功耗模式。呼吸模式下的从设备周期性地被激活；保持模式下的从设备停止监听来自主设备的数据分组，但保持其激活成员地址；休眠模式下的主从设备仍保持同步，但从设备不需要保留其激活成员地址。这 3 种节能模式中，呼吸模式的功耗最高，但对于主设备的响应最快，休眠模式的功耗最低，对于主设备的响应最慢。

（5）开放的接口标准

蓝牙特别兴趣小组（SIG）为了推广蓝牙技术的使用，将蓝牙的技术标准全部公开，全世界范围内的任何单位和个人都可以进行蓝牙产品的开发，只要最终通过 SIG 的蓝牙产品兼容性测试，就可以推向市场。这样一来，SIG 就可以通过提供技术服务和出售芯片等业务获利，同时大量的蓝牙应用程序也可以得到大规模推广。

（6）全双工通信和可靠性高

蓝牙技术是采用时分双工通信，实现了全双工通信。采用 FSK 调制，CRC、FEC 和 ARQ，保证了通信的可靠性。

（7）网络特性好

由于蓝牙支持一点对一点及一点对多点通信，利用蓝牙设备也可方便地组成简单的网络（微微网）。蓝牙无线网络结构示意图如图 1-16 所示。

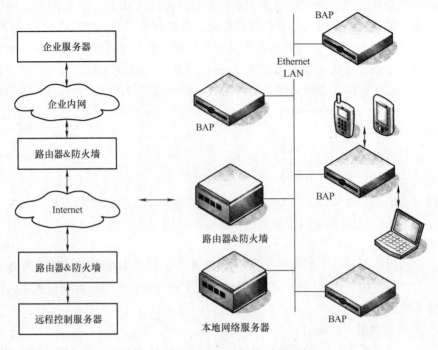

图 1-16 蓝牙无线网络结构示意图
图中 BAP 为蓝牙接入点；LAN 为局域网

3. 应用领域

蓝牙技术的应用一般分为 3 大类，即语音/数据接入、外围设备互联和无线个人局域网。语音/数据的接入是将一台计算机通过安全的无线链路联接通话设备上，以完成与广域通信网络的互联；外围设备互联是指将各种设备通过蓝牙链路联接主机上；无线个人局域网的主要应用是个人网络和信息的共享和交换。从市场的角度看，蓝牙技术可制造出点对点连接、点对多点连接及无线个人局域网等网络产品。

1.4.4 WiFi 技术

1. 概述

WiFi 是英文无线保真（Wireless Fidelity）的缩写，俗称为无线宽带。是无线局域网（WLAN）中的一个标准（IEEE 802.11b）。随着技术的发展以及 IEEE 802.11a 和 IEEE 802.11g 等标准的出现，现在 IEEE 802.11 这个标准已被统称为 WiFi。

WiFi 技术与蓝牙技术一样，同属于在办公室和家庭中使用的短距离无线通信技术。使用的使 2.4GHz 附近的频段，该频段是无须申请的 ISM 无线频段。同蓝牙技术相比，它具备更高的传输速率，更远的传播距离，已经广泛应用于笔记本式计算机、智能手机、汽车等广大领域中。

WiFi 是以太网的一种无线扩展，理论上只要用户位于一个接入点四周的一定区域内，就能以最高约 11Mbit/s 的速度接入全球广域网（Web）。但实际上，如果有多个用户同时通过一个点接入，带宽被多个用户分享，WiFi 的连接速度一般将只有几百 kbit/s 的信号不受墙壁阻隔，在建筑物内的有效传输距离小于户外。

WiFi 技术未来最具潜力的应用将主要在家居办公（SoHo）、家庭无线网络，以及不便安装电缆的建筑物或场所。目前通过有线网络外接一个无线路由器，就可以把有线信号转换成 WiFi 信号。

IEEE 802.11 是针对 WIFI 技术制定的一系列标准，第一个版本发表于 1997 年，其中定义了介质访问接入控制层和物理层。物理层定义了工作在 2.4GHz 的 ISM 频段上的两种无线调频方式和一种红外传输的方式，总数据传输速率设计为 2Mbit/s。1999 年加上了两个补充版本：802.11a 定义了一个在 5GHz ISM 频段上的数据传输速率可达 54Mbit/s 的物理层，802.11b 定义了一个在 2.4GHz 的 ISM 频段上但数据传输速率高达 11Mbit/s 的物理层。802.11g 在 2003 年 7 月被通过，其载波的频率为 2.4GHz（跟 802.11b 相同），传输速率达 54Mbit/s。802.11g 的设备向下与 802.11b 兼容。其后有些无线路由器厂商应市场需要而在 IEEE 802.11g 的标准上另行开发新标准，并将理论传输速度提升至 108Mbit/s 或 125Mbit/s。IEEE 802.11n 是 2004 年 1 月时 IEEE 宣布组成一个新的单位来发展的新的 802.11 标准，于 2009 年 9 月正式批准，最大传输速度理论值为 600Mbit/s，并且能够传输更远的距离。IEEE 802.11ac 是一个正在发展中的 802.11 无线计算机网络通信标准，它通过 5GHz 频带进行无线局域网（WLAN）通信，在理论上，它能够提供高达 1Gbit/s 的传输速率，进行多站式无线局域网（WLAN）通信。

IEEE 802.11 协议主要工作在 ISO 协议的物理层和数据链路层。IEEE802.11 基本结构模型如图 1-17 所示，其中数据链路层又划分为 LLC 和 MAC 两个子层。

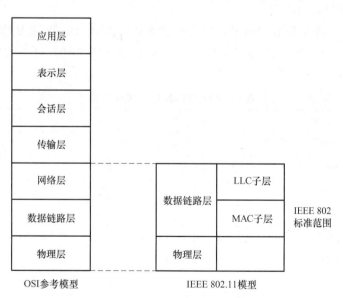

图 1-17　IEEE802.11 基本结构模型

2016 年，WiFi 联盟公布的 802.11ah WiFi 标准——WiFi HaLow，使得 WiFi 可以被运用到更多地方如：小尺寸、电池供电的可穿戴设备同时也适用于工业设施内的部署，以及介于两者之间的应用。HaLow 采用 900MHz 频段，低于当前 WiFi 的 2.4GHz 和 5GHz 频段，如

图 1-18 所示。HaLow 功耗更低，覆盖范围可以达到 1km，信号更强，且不容易被干扰。这些特点使得 WiFi 更加顺应了物联网时代的发展。

2017 年 2 月，WiFi 联盟最新公布的 802.11ax 是 802.11ac 的加强版，与 802.11ac 一样都工作在 5GHz 频段。不同的是 802.11ax 使用了 MU – MIMO 技术，将信号在时域、频域、空域等多个维度上分成 4 个不同的"信号通道"，每个"信号通道"都能单独与一台设备进行通信。就好比将一条高速公路分成 4 个不同的车道，效率成倍提高。除 MU – MIMO 技术外，802.11ax 的还引入了 OFDMA（正交频分多址）技术，能在多个副载波上对数据进行编码，也就是在相同空间区域内装入更多的数据，这是下一代高速无线通信网络的核心技术。

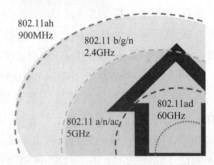

图 1-18　802.11ah WiFi 标准

此外，802.11ax 在显著提高吞吐量的同时，还有效改善了行动装置的电源利用率。不仅仅是理论值，使用者在例如人口稠密的场所、室内与户外等存在干扰源的实际环境中，也可以达到提升吞吐量的作用。从技术层面上来说，802.11ax 支持 12 路数据流（8 个 5GHz 和 4 个 2.4GHz）、8×8 MU – MIMO、80 MHz 信道，以及增加网络容量与覆盖的其他特性，支持正交频分多址（OFDMA）与流量调度，效率更高，吞吐量更大，并且在新的资源管理方式和唤醒时间优化下，WiFi 功耗降低达 2/3，因此有助于延长设备的续航时间。

IEEE 802.11 工作组研究和标准化了完整的 WiFi 技术体系，涵盖从物理层核心标准到频谱资源、管理、视频车载应用多方面等一系列标准，IEEE802.11 标准化进程如表 1-3 所示。

表 1-3　1EEE802.11 标准化进程

协　议	发布日期	频　带	最大传输速率
802.11	1997	2.4~2.5GHz	2Mbit/s
802.11a	1999	5.15~5.35/5.47~5.725/5.725~5.875GHz	54Mbit/s
802.11b	1999	2.4~2.5GHz	11Mbit/s
802.11g	2003	2.4~2.5GHz	54Mbit/s
802.11n	2009	2.4GHz 或 5GHz	600Mbit/s（4MIMO，40MHz）
802.11ac	2011	2.4GHz 或 5GHz	3.2Gbit/s（8MIMO，160MHz）
802.11ad	2011	60GHz	6.756Gbit/s（大于 MIMO）
802.11ah	2016	900MHz	7.8Mbit/s
802.11ax	2017	5GHz	3.2Gbit/s（8MIMO，160MHz）

2. 特点

WiFi 技术具有以下特点。

（1）无线电波的覆盖范围广

WiFi 的半径可达 100m，甚至可以覆盖整栋大楼。

（2）WiFi 的传输速度很快

最高可达 54Mbit/s，符合个人和社会信息化的需求。在网络覆盖范围内，允许用户在任何时间、任何地点访问网络，随时随地享受诸如网上证券、视频点播（VOD）、远程教育、远程医疗、视频会议和网络游戏等一系列宽带信息增值服务，并实现移动办公。

（3）无须布线

可以不受现实地理条件的限制，因此非常适合移动办公用户的需要。只要在需要的地方安装无线路由器，并通过高速线路将因特网接入。这样，在无线路由器所发射出的电波的覆盖范围内，用户只要将支持无线 LAN 的笔记本计算机或 PDA 拿到该区域内，即可高速接入互联网。

（4）健康安全

IEEE 802.11 规定的发射功率不可超过 100mW，实际发射功率为 60 ~ 70mW，而手机的发射功率为 200mW ~ 1W，手持式对讲机高达 5W。与后者相比，WiFi 产品的辐射更小。

3. 应用领域

随着 Internet 的快速发展，WiFi 在个人、家庭和企业的应用已经非常普及，并且和有线网络（固网）及移动网络（蜂窝网）相结合，提供更加丰富的应用。目前在公交车、火车、机场、商场等公共场所均提供免费的 WiFi 服务；而且支持 WiFi 的电子产品越来越多，像智能手机、MP4、计算机等，基本上已经成为主流标准配置，WiFi 的应用示意图如图 1-19 所示。

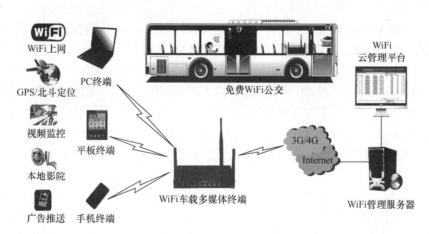

图 1-19　WiFi 的应用示意图

1.4.5　超宽带 UWB 技术

1. 概述

超宽带（Ultra Wide Band，UWB）技术是一种无载波通信技术，即它不采用正弦载波，而是利用纳秒至微微秒级的非正弦波窄脉冲传输数据，因此其所占的频谱范围很宽。UWB 可在非常宽的带宽上传输信号，美国 FCC 对 UWB 的规定为：在 3.1 ~ 10.6GHz 频段中占用

500MHz 以上的带宽。由于 UWB 可以利用低功耗、低复杂度发射/接收机实现高速数据传输，在近年来得到了迅速发展。它在非常宽的频谱范围内采用低功率脉冲传送数据而不会对常规窄带无线通信系统造成大的干扰，并可充分利用频谱资源。

UWB 技术具有系统复杂度低、发射信号功率谱密度低、对信道衰落不敏感、低截获能力、定位精度高等优点，尤其适用于室内等密集多径场所的高速无线接入，非常适于建立一个高效的无线局域网或无线个域网（WPAN）。UWB 主要应用在小范围、高分辨率、能够穿透墙壁、地面和身体的雷达和图像系统中。除此之外，这种新技术适用于对速率要求非常高（大于 100Mbit/s）的 LAN 或 PAN。

UWB 有可能在 10m 左右的范围内，支持高达 110Mbit/s 的数据传输率，不需要压缩数据，可以快速、简单、经济地完成视频数据处理。UWB 具有抗干扰性能强、传输速率高、带宽极宽、消耗电能小、发送功率小等诸多优势，主要应用于室内通信、高速无线 LAN、家庭网络、无绳电话、安全检测、位置测定、雷达等领域。

UWB 的标准化过程主要在国际标准化组织 IEEE 802.15 工作组内完成，IEEE 802.15 致力于无线个人网（WPAN）的标准化。WPAN 系统主要用于个人设备之间的互联，它的覆盖范围一般在 10m 以内，而且应该具有廉价、低能耗的特点。其中的 802.15.3a 采用 UWB 技术实现 55Mbit/s 以上的高速率传输。802.15.4a 旨在提供高精度测距和定位服务（精度为 lm 以内），以及实现更长的作用距离和超低耗电量，在这个协议中，脉冲无线电 UWB 技术也是备选方案之一。

目前的 UWB 技术根据底层 UWB 信号的实现形式不同，可分为两大类。一类是基于窄脉冲式的冲激类 UWB，即不使用载波，而是使用短的能量脉冲序列，并通过正交频分调制或直接排序将脉冲扩展到一个频率范围内。这样提出的 UWB 设计方案称为直接序列 CDMA UWB（DS-CDMA UWB）方案。这个方案频谱利用率高，可进行高精度定位和跟踪，抵抗多径衰落能力强，但频谱共享的灵活性较差，不利于与其他窄带系统共存。另外一类是基于调制载波扩频式的载波类 UWB，提出的设计方案叫多载波 OFDM UWB（MB-OFDM UWB）方案，它采用 OFDM 技术传输子带信息，提高了频谱的灵活性，但易造成较高的功率峰值与均值比（PAR），容易产生对其他系统的干扰，因此解决干扰问题是该方案目前最大的难题。两种技术形成了鲜明对立的两大阵营，使得制订面向 UWB 高速数据传输标准的 802.15.3a 工作组已经解散。目前，由 ITU-RTG1/8 工作组来负责 UWB 高速数据传输的全球统一标准的制订工作。

我国在 2001 年 9 月初发布的"十五"国家 863 计划通信技术主题研究项目中，首次将"超宽带无线通信关键技术及其共存与兼容技术"作为无线通信共性技术与创新技术的研究内容，鼓励国内学者加强这方面的研究工作。至于产品方面，由于 UWB 标准迟迟未定，同时，我国政府还未对 UWB 的频谱做出规划，因此，国内厂商还都处于观望阶段，技术上保持跟踪，生产尚未启动，仅有海尔等少数厂商与国外公司合作，开发一些样品。

目前，我国的 UWB 标准化工作尚未有定论，可根据自身的特点，积极参与 UWB 标准的研究与制定。目前 UWB 国际标准悬而未决的现状也为技术创新与新标准的提出提供了空间和时间。我国应该积极参与两种主流 UWB 标准的制定、修改和评估，为我国选择一种适宜的、更有利于中国 UWB 产业发展的技术，和广大的国内生产厂商一起，推进我国 UWB 技术的标准化工作。

同时，在低速 UWB 技术的研究中，我国 802.15.4a 征集提案过程已过，我国仍可根据具有自主知识产权的技术制定国家标准，这也使我国制定不同于国际标准的国家标准成为可能。

2. 特点

由于 UWB 技术不同于传统的通信技术，因此具有以下技术特点：

（1）系统结构的实现比较简单

当前的无线通信技术所使用的通信载波是连续的电波，载波的频率和功率在一定范围内变化，从而利用载波的状态变化来传输信息。而 UWB 则不使用载波，它通过发送纳秒级脉冲来传输数据信号。UWB 发射器直接采用脉冲小型激励天线，不需要传统收发器所需要的上变频，从而不需要功率放大器与混频器，因此，UWB 允许采用非常低廉的宽带发射器。在接收端，UWB 接收机也有别于传统的接收机，UWB 接收机不需要中频处理。因此，UWB 系统结构的实现比较简单。

（2）体积小、功耗低

UWB 收发信机不需要复杂的载频调制/解调电路和滤波器。因此，可以大大降低系统复杂度，减小收发信机体积和功耗。同时 UWB 系统使用间歇的脉冲来发送数据，脉冲持续时间很短，一般在 0.20 ~ 1.5ns，有很低的占空因数，系统的耗电可以达到很低，在高速通信时系统的耗电量仅为几百微瓦到几十毫瓦。民用的 UWB 设备功率一般是传统移动电话所需功率的 1/100 左右，是蓝牙设备所需功率的 1/20 左右，军用的 UWB 电台耗电也很低。因此，UWB 设备在电池寿命和电磁辐射上相对于传统无线设备有着很大的优越性。

（3）高速的数据传输

民用商品中，一般要求 UWB 信号的传输范围为 10m 以内，再根据经过修改的信道容量公式，其传输速率可达 500Mbit/s，是实现个人通信和无线局域网的一种理想调制技术。UWB 以非常宽的频率带宽来换取高速的数据传输，并且不单独占用现在已经拥挤不堪的频率资源，而是共享其他无线技术使用的频带。在军事应用中，可以利用巨大的扩频增益来实现远距离、低截获率、低检测率、高安全性和高速的数据传输。

（4）安全性高

在短距离应用中，UWB 发射机的发射功率通常可低于 1mW，这是通过牺牲带宽来换取的。从理论上讲，相对于其他通信系统，UWB 所产生的干扰仅仅相当于一个宽带白噪声。UWB 信号的功率谱密度低于自然的电子噪声，这就使得 UWB 信号具有良好的隐蔽性，不易被截获，采用编码对脉冲参数进行伪随机化后，脉冲的检测将更加困难，这对提高通信保密性是非常有利的。

（5）多径分辨能力强

由于常规无线通信的射频信号大多为连续信号或其持续时间远大于多径传播时间，多径传播效应限制了通信质量和数据传输速率。由于超宽带无线电发射的是持续时间极短的单周期脉冲且占空比极低，多径信号在时间上是可分离的。假如多径脉冲要在时间上发生交叠。其多径传输路径长度应小于脉冲宽度与传播速度的乘积。由于脉冲多径信号在时间上不重叠，很容易分离出多径分量以充分利用发射信号的能量。大量实验表明，对常规无线电信号多径衰落深达 10 ~ 30dB 的多径环境，对超宽带无线电信号的衰落最多不到 5dB。

（6）定位精度高

冲激脉冲具有很高的定位精度，采用超宽带无线电通信，很容易将定位与通信合一，而常规无线电难以做到这一点。超宽带无线电具有极强的穿透能力，可在室内和地下进行精确定位，而 GPS 定位系统只能工作在 GPS 定位卫星的可视范围之内；与 GPS 提供绝对地理位置不同，超短脉冲定位器可以给出相对位置，其定位精度可达厘米级。此外，超宽带无线电定位器更便宜。

（7）工程简单，造价便宜

在工程实现上，UWB 比其他无线技术要简单得多，可全数字化实现。它只需要以一种数学方式产生脉冲，并对脉冲产生调制，而这些电路都可以被集成到一个芯片上，设备的成本将很低。

3. 应用领域

UWB 技术的应用领域主要分为军用和民用两个方面。近年来，超宽带技术在民用领域的应用主要包括两个方面：一方面是以高速率数据传输为主的近距离无线通信技术；另一方面是以精确测距、定位、成像等为主的无线探测技术，UWB 技术的民用领域示意图如图 1-20 所示。

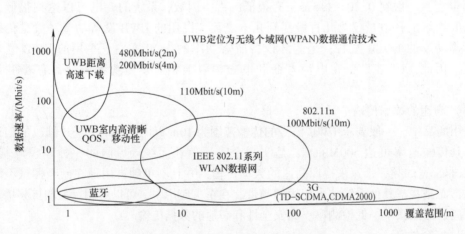

图 1-20　UWB 技术的民用领域示意图

在军用方面，主要应用于 UWB 雷达、UWB 低干扰、低检测（PLI/D）无线内部通信系统（预警机、舰船等）、战术手持和网络的 PLI/D 电台、警戒雷达、探测地雷、检测地下埋藏的军事目标或以叶簇伪装的物体。

1.4.6　几种短距离无线通信技术比较

前面介绍了 ZigBee、蓝牙、WiFi 和超宽带 4 种主要短距离无线通信技术，总的看来，这些流行的短距离无线通信技术各有千秋，这些技术之间存在着相互竞争，但在某些实际应用领域内它们又相互补充，没有一种技术可以完美到足以满足所有的要求。表 1-4 给出了这 4 种主要短距离无线通信技术的比较。4 种短距离无线通信技术的应用场合如图 1-21 所示。

表1-4　4种主要短距离无线通信技术的比较

项　　目	WiFi 802.11b	蓝牙 802.15.1	超宽带 802.15.3a	ZigBee 802.15.4
网络节点	30	7	10	65535
通信距离	10～100m	10～100m	<10m	10m～3km
传输速率	11Mbit/s 5.4Mbit/s 6756Mbit/s	748kbit/s～24Mbit/s	100 Mbit/s 以上	20/40/250kbit/s
工作频段	2.4GHz/5 GHz	2.4GHz	1GHz 以上	2.4GHz
抗干扰性	较强	弱	较强	强
目标应用	家庭/企业/公众局域网络多媒体应用、移动应用	控制、声音、PC 外设、多媒体应用、移动应用	多媒体和移动应用	控制、PC 外设、医疗护理、移动应用
功耗	>1W	1～100W	<1W	1μW～1mW

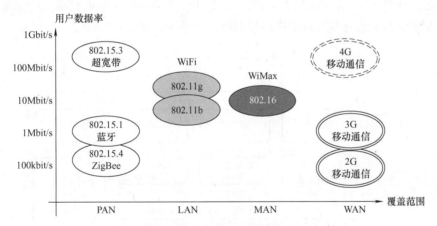

PAN个域网；LAN局域网；MAN城域网；WAN广域网

图1-21　4种短距离无线通信技术的应用场合

1.5　大数据与云计算

1.5.1　大数据的定义与特征

大数据（big data）是指无法在一定时间范围内用常规软件工具进行捕捉、管理和处理的数据集合，是需要新处理模式才能具有更强的决策力、洞察发现力和流程优化能力的海量、高增长率和多样化的信息资产。

业界通常用5个V来概括大数据的特征，即容量（Volume），数据的大小决定所考虑的数据的价值和潜在的信息；种类（Variety），数据类型的多样性；速度（Velocity），指获得数据的速度；可变性（Variability），妨碍了处理和有效地管理数据的过程；真实性（Veracity）：数据的质量。

从技术上看，大数据与云计算的关系就像一枚硬币的正反面一样密不可分。大数据必然无法用单台的计算机进行处理，必须采用分布式架构。它的特色在于对海量数据进行分布式数据挖掘。但它必须依托云计算的分布式处理、分布式数据库和云存储、虚拟化技术。

大数据分析处理架构图如图1-22所示。

现在是一个充满"数据"的时代，无论是打电话、用微博、聊QQ、刷微信，还是在阅读、购物、看病、旅游，都在不断产生新数据，"堆砌"着数据大厦。大数据已经与人们的工作、生活息息相关。中国工程院院士高文说："不管你是否认同，大数据时代已经来临，并将深刻地改变着我们的工作和生活。"2013年7月，有关人士视察中国科学院时指出："大数据是工业社会的'自由'资源，谁掌握了数据，谁就掌握了主动权。"2015年5月，有关人士在给国际教育信息化大会的贺信中说："当今世界，科技进步日新月异，互联网、云计算、大数据等现代信息技术深刻改变着人类的思维、生产、生活、学习方式，深刻展示了世界发展的前景。"2015年9月，国务院通过《关于促进大数据发展的行动纲要》，标志支持大数据发展第一部正式国家层面文件出台，对大数据的规范化发展起到了至关重要作用。2015年11月3日，《中共中央关于制定国民经济和社会发展第十三个五年规划的建议》提出，拓展网络经济空间，推进数据资源开放共享，实施国家大数据战略，超前布局下一代互联网。专家认为，这是我国首次提出推行国家大数据战略。

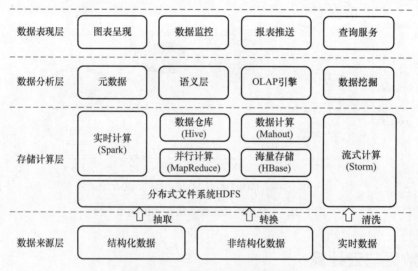

图1-22　大数据分析处理架构图

1.5.2　云计算的概念

云计算（Cloud Computing）是由分布式计算（Distributed Computing）、并行处理（Parallel Computing）、网格计算（Grid Computing）发展来的，是一种新兴的商业计算模型。目前，对于云计算的认识在不断的发展变化，云计算仍没有普遍一致的定义。

中国网格计算、云计算专家刘鹏给出如下定义："云计算将计算任务分布在大量计算机构成的资源池上，使各种应用系统能够根据需要获取计算力、存储空间和各种软件服务"。

云计算可理解为一种分布式计算技术，是通过计算机网络将庞大的计算处理程序自动分拆成无数个较小的子程序，再交由多部服务器所组成的庞大系统经搜寻、计算分析之后将计算处理结果回传给用户。通过该技术，网络计算服务提供者可以在数秒之内，完成处理数以千万计甚至亿计的信息，达到与"超级计算机"同样强大效能的网络计算服务。

典型的云计算提供商往往提供通用的网络业务应用，可以通过浏览器等软件或者其他 Web 服务来访问，而软件和数据都存储在服务器上。云计算服务通常提供通用的通过浏览器访问的在线商业应用，软件和数据可存储在数据中心。云计算环境下数据中心如图 1-23 所示。

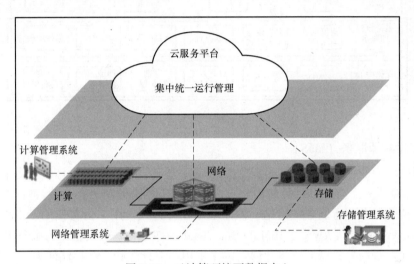

图 1-23　云计算环境下数据中心

2016 年 7 月，在百度云计算战略发布会上，百度发布了天算大数据平台，天算平台整合了百度大数据服务和人工智能技术，提供从数据收集、存储、处理分析到应用场景的一站式服务。2016 年 11 月 10 日，腾讯云大数据联合团队在全球排序竞赛中，用时 98.8s 就完成 100TB 的 1 万亿条无序 100B 的数据排序。腾讯云数智分布式计算平台，能提供单集群上千台规模实时流式计算，支持多重数据备份，具有万亿数据的存储能力。

在 2016 百度云智峰会智慧对话上，中国工程院院士李德毅表示，云计算已经进入了常态化。云计算的基本思想就是把产品变成服务，在服务的过程中，最重要的，服务得好，那就是要有大数据和人工智能。确切地说是云计算和大数据成就了人工智能。反过来，人工智能又助推了云计算和大数据。

1.5.3　云计算主要服务形式

云服务是基于互联网的相关服务的增加、使用和交付模式，通常涉及通过互联网来提供动态易扩展且经常是虚拟化的资源。云服务指通过网络以按需、易扩展的方式获得所需服务。这种服务可以是 IT 和软件、互联网相关，也可是其他服务。它意味着计算能力也可作为一种商品通过互联网进行流通。

云服务足够智能，能够根据用户的位置、时间、偏好等信息，实时地对用户的需求做出预期。在这一全新的模式下，信息的搜索将会是为用户而做，而不再是由用户来做。无论用户采用什么设备，无论用户需要哪种按需服务，用户都将得到一个一致且连贯的终极体验。

云服务包含 3 个层次：基础设施即服务（IaaS）、平台即服务（PaaS）和软件即服务（SaaS）。百度私有云服务架构如图 1-24 所示。

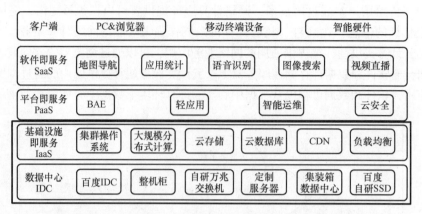

图 1-24　百度私有云服务架构

1. 基础设施即服务（IaaS）

IaaS 即把厂商的由多台服务器组成的"云端"基础设施，客作为计量服务提供给客户。它将内存、I/O 设备、存储和计算能力整合成一个虚拟的资源池为整个业界提供所需要的存储资源和虚拟化服务器等服务。这是一种托管型硬件方式，用户付费使用厂商的硬件设施。例如 Amazon Web 服务（AWS），IBM 的 BlueCloud 等均是将基础设施作为服务出租。

IaaS 的优点是用户只需低成本硬件，按需租用相应计算能力和存储能力，大大降低了用户在硬件上的开销。

2. 平台即服务（PaaS）

把开发环境作为一种服务来提供。这是一种分布式平台服务，厂商提供开发环境、服务器平台、硬件资源等服务给客户，用户在其平台基础上定制开发自己的应用程序并通过其服务器和互联网传递给其他客户。云平台直接的使用者是开发人员而不是普通用户，它为开发者提供了稳定的开发环境。

3. 软件即服务（SaaS）

SaaS 服务提供商将应用软件统一部署在自己的服务器上，用户根据需求通过互联网向厂商订购应用软件服务，服务提供商根据客户所定软件的数量、时间的长短等因素收费，并且通过浏览器向客户提供软件的模式。这种服务模式的优势是，由服务提供商维护和管理软件、提供软件运行的硬件设施，用户只需拥有能够接入互联网的终端，即可随时随地使用软件。这种模式下，客户不再像传统模式那样花费大量资金在硬件、软件、维护人员，只需要支出一定的租赁服务费用，通过互联网就可以享受到相应的硬件、软件和维护服务，这是网络应用最具效益的营运模式。对于小型企业来说，SaaS 是采用先进技术的最好途径。

对于普通用户而言，他们主要面对的是 SaaS 这种服务模式。但是对于普通开发者而言，却有两种服务模式可供选择，那就是 PaaS 和 IaaS，这两种模式有很多不同，而且它们之间还存在一定程度的竞争。

PaaS 的主要作用是将一个开发和运行维护平台作为服务提供给用户，而 IaaS 的主要作用是将虚拟机或者其他资源作为服务提供给用户。PaaS 与 IaaS 的比较见表 1-5。

表 1-5　PaaS 与 IaaS 的比较

	PaaS	IaaS
开发环境	完善	熟悉
支持的应用	有限	广
通用性	欠缺	稍好
可伸缩性	自动伸缩	手动伸缩
整合串和经济性	高整合率、更经济	低整合率
计费和监管	精细	简单
学习难度	略难	较低

1.5.4　云计算平台

云计算平台简称为云平台，是由搭载了云平台服务器端软件的云服务器、搭载了云平台客户端软件的云计算机以及网络组件所构成的，用于提高低配置或老旧计算机的综合性能，使其达到现有流行速度的效果。这种平台允许开发者们或是将写好的程序放在"云"里运行，或是使用"云"里提供的服务，或二者皆是。百度开放云平台架构如图 1-25 所示。

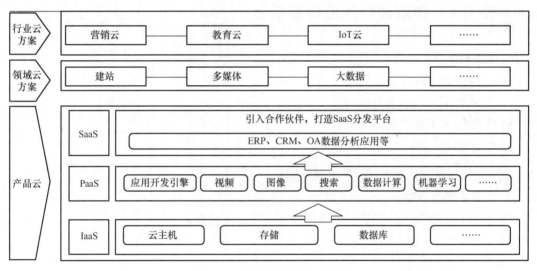

图 1-25　百度开放云平台架构

例如，智能家庭服务云平台的主要作用是存储和分析用户家庭的重要数据，同时也是连接用户和家庭的桥梁。其很大的一个亮点就是为用户远程操作提供计算处理中转的平台，只有经过该平台处理之后，信息才会达到用户家庭内的智能家庭综合管理系统，实现对应的操作指令，如果需要反馈操作结果的信息，由智能信息计算平台接收智能家庭综合管理系统发送的查询结果，并进行计算处理后中转，再次返回给用户。在此系统中，云计算将被重点采用它是实现智能家庭综合管理系统与物联网有机结合的关键之一。因此，整个智能信息计算平台作为一个决策支持系统，其体系结构总体划分为以下几个部分。

（1）云计算基础设施

云计算平台的基础设施包含三个方面：计算、存储、网络。其关键技术是虚拟机，需要在后台搭建基于虚拟机技术的、实现按需分配、动态配置的云主机系统。存储空间和网络带宽也可以根据需要进行按需配置。

（2）大数据系统

数据库系统是实现信息存储和计算的基础，本平台的数据库系统用于存放和管理用户以及家庭的相关信息，以及一些资讯类的辅助信息，数据库的设计在数据格式规范时可以采用结构化存储，一旦用户量大、数据不规范时，要采用分布式大数据系统。

（3）数据智能分析系统

采用数据分析工具来挖掘智能家庭系统中的数据信息，对家庭用电趋势等进行分析，生成相应的数据报表，对用电超标等情况进行告警提醒。

上述三大部分相辅相成，构成了智能家庭网络系统的总体平台架构，智能家庭网络云服务应用平台如图 1-26 所示。

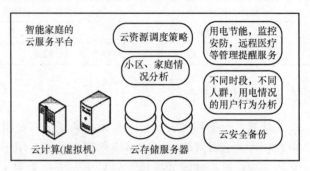

图 1-26　智能家庭网络云服务应用平台

1.6　实训 1　参观智慧家庭体验店

1. 实训目的

1）了解智慧家庭体验店的主要功能。
2）熟悉智能家居的主要控制方式。
3）掌握智慧家庭的系统架构。

2. 实训场地

参观学校附近的智慧家庭体验店或体验厅。

3. 实训步骤与内容

1）提前与智慧家庭体验店或体验厅联系，做好参观准备。
2）分小组轮流进行参观。
3）由教师或体验店人员为学生讲解。

4. 实训报告

写出实训报告，包括参观收获、遇到的问题及心得体会。

1.7　思考题

1. 什么是智能家居？什么是智慧家庭？两者有何区别？
2. 什么是物联网？其体系结构分为哪几层？
3. 无线传感器网络的组成与网络结构如何？
4. 家庭网络主要有几种无线通信技术？各有哪些特点？
5. 什么是云计算？云服务的主要形式有哪些？

第 2 章 智慧家庭几种智能终端简介

本章要点

- 熟悉智慧家庭有关智能终端的功能。
- 熟悉智慧家庭有关智能终端的主要参数。
- 熟悉智慧家庭有关智能终端的电路组成和主要器件。

2.1 智能音箱（声控音箱、语音音箱）

2.1.1 智能音箱概述

智能音箱又称为声控音箱或语音音箱，是近几年进入智慧家庭的终端产品。智能音箱备受追捧，甚至被定位为智能家居入口，其中关键在于背后的语音识别技术。语音识别是人工智能技术最为成熟的细分领域之一，也是与智能家居、物联网设备、机器人等交互的重要方式，语音将是智能家居和物联网的一个重要突破点。

智能音箱和以往更加倾向于个人使用的智能电子产品不同，它使用场景更多是家庭。它除了播放音乐外，还要具备语音助理、智能家居中控等"技能"。随着物联网、云计算、大数据和人工智能等技术的发展，智能音箱将成为能听会说的家庭小助手，完全有潜力成为智能家居的入口，即物联网关。

早在 2014 年 11 月，亚马逊发布首款 Echo 智能音箱，内部搭载了亚马逊的语音助手 Alexa。和 Siri、Google Now、Cortana 这类手机上的智能助手不同，用户无须操作某个按钮，只通过简单的语音指令，就可以通过音箱播放音乐、查询新闻和天气信息、控制智能家居设备。

谷歌紧随其后，于 2016 年 5 月在当年的 I/O 大会上宣布推出 Google Home 智能音箱和升级版的语音助手 Google Assistant。一年之后，Google Home 迅速迭代，不仅在功能上迅速追平 Echo，还在硬件上降低了成本，并围绕音箱与 Android 手机和电视建立起了一个生态。

2017 年 6 月 5 日，苹果公司在年度开发者大会上推出了一款内置语音数字助理的家用智能音箱。这款 HomePod 智能音箱，高 17.2cm，直径 14.2cm，可与苹果音乐播放器、苹果智能手机、苹果音乐服务无线连接。借助苹果语音数字助理 Siri，HomePod 可以接收和识别用户的语音指令，执行相应任务，比如设置闹铃、开关房间照明灯、查询天气情况、播放音乐等，智能音箱外形如图 2-1 所示。

在 2017 中国智慧家庭博览会上（5 月 18 日～5 月 20 日），深圳市彩易生活科技有限公司（大鱼管家）推出首款物联网语音音箱，该物联网语音音箱通过语音交互，可以作为智能家居的控制中心，控制家庭中上百种不同的设备，包括大小家用电器、影音系统、灯光、温湿度传

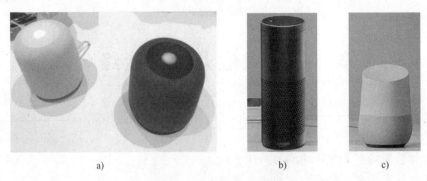

图 2-1　智能音箱外形

a）苹果 HomePod　b）亚马逊 Echo　c）谷歌 Home

感器、空气净化器和路由器等。在基础智能的设置上，物联网语音音箱集成了海量音乐、儿童故事和语音交互百科等内容，使其除了应对成年人对家居设备的控制之外，还能保持跟家庭儿童及老人之间的闲暇互动，既有实用的功能，有相当有趣味性，物联网语音音箱外形如图 2-2 所示。

图 2-2　物联网语音音箱外形

a）银灰色　b）黑色

当前无论是海外智能音箱"四大天王"亚马逊 Echo、谷歌（微博）Home、微软 Invoke 和苹果 HomePod，还是国内从 BAT 到中小创业者，一条围绕着智能音箱的产业链正在生成。智能交互系统、语音翻译模块、芯片厂家、第三方内容开发者以及生意冷清多年的传统音箱制造商，正在把智能音箱看作进军智能家居的钥匙，盼望早日进入万物智能时代。

2.1.2　智能音箱的功能简介

下面以深圳市彩易生活科技有限公司（大鱼管家）物联网语音音箱为例，介绍智能音箱的主要功能。（大鱼管家）物联网语音音箱的主要功能示意图如图 2-3 所示。

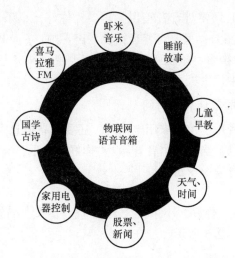

图 2-3　（大鱼管家）物联网语音音箱的主要功能示意图

1. 海量音乐任点播

物联网语音音箱首先具有音箱功能，它内置双 40mm 钕铁硼强磁发声单元，释放透彻音质，配合耐用高功率的 CONEX 弹波，能充分调动扬声器能量，外加强音源驱动力音圈，有效扩大低音响应，减少杂音。它还与喜马拉雅、虾米音乐等第三方音乐源合作，共享他们的千万曲库，让每一位喜爱智能音箱的朋友都可以收听这些平台的音频资源。只要你对智能音箱说："你好，小乐"进行唤醒后，便可随意点播自己想听的歌曲，海量音乐任点播示意图如图 2-4 所示。

图 2-4　海量音乐任点播示意图

2. 儿童故事任你挑

物联网语音音箱采用思必驰做语音解析，并可做部分语义分析，解析后的命令字分为15 个领域，其中有睡前故事、儿童早教、国学古诗等，只要你对物联网语音音箱说"你好，小乐，播放儿童故事小王子"后，它就会为你讲小王子的故事。

3. 智能家用电器可控制

音箱能够控制的家中所有的智能家用电器，包括空调、电视、插座、窗帘、加湿器和灯具等上千种。早上起床的时候，只要对着音箱说一声："你好，小乐，请打开窗帘"，窗帘就会缓慢拉开；坐在沙发上只要对着音箱说一声："你好，小乐，将空调温度调到26℃"，空调就会自动将温度调到26℃；只要对着音箱说一声："你好，小乐，我要看湖南卫视×××节目"，电视机就会自动换台，呈现所要看的湖南卫视×××电视节目……总而言之，智能音箱将成为智能家居的中控主机。

4. 信息查询真方便，股票信息随时问

该语音音箱除了播放音乐、控制家用电器外，还要具备信息查询功能。如交通信息、新闻、天气和股票等关键信息，当你问语音音箱："你好，小乐，××现在的股票是多少？""××的股票当前价格为××元，下跌××元，跌幅××%"。物联网语音音箱马上回答。

如果对着音箱说一声："你好，小乐，今天天气怎样？"，智能音箱马上会告诉你当天的天气，天气预报示意图如图2-5所示。

图2-5　天气预报示意图

2.1.3　智能音箱的系统组成

深圳市彩易生活科技有限公司（大鱼管家）物联网语音音箱系统架构图如图2-6所示。由图2-6可知，物联网语音音箱系统由4大部分组成，即思必驰云、彩易云—声控模块、虾米音乐和喜马拉雅FM。

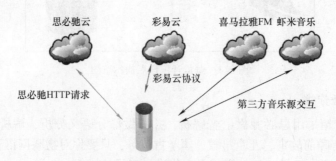

图2-6　物联网语音音箱系统架构图

思必驰是一家语音识别方案公司，拥有自主知识产权的人机对话、语音识别、语义理解、语音合成和声纹识别等综合语音技术。由于思必驰的云没有设备控制功能，所以，大部分解析回来的语句，由音箱发向彩易云，归彩易云声控模块进行分析、处理，并返回音箱处理结果。彩易云是深圳市彩易生活科技有限公司的云。虾米音乐和喜马拉雅 FM 是第三方音乐平台。

语音控制流程如下：

1）用户使用"你好，小乐"唤醒词进行唤醒。

2）音箱响一下，表示接受唤醒，进行监听状态。

3）用户开始说话。

4）音箱开始录音；7s 结束。

5）音箱向思必驰上报语音数据包。

6）思必驰进行分析，返回文本内容和语义分析。

7）音箱根据语义分析，确定哪些需要处理，哪些不需要处理；哪些需要上报彩易云。

8）不需要处理的，音箱直接返回结果。

9）如果需要彩易云—声控模块处理，提交。

10）彩易云—声控模块需要第三方云处理，转发。

11）彩易云—声控模块接受处理结果。

12）返回彩易云—声控模块的处理结果。

13）语音控制音箱处理结果，播放结果。

2.1.4 智能音箱的硬件组成

深圳市彩易生活科技有限公司（大鱼管家）物联网语音音箱硬件组成框图如图 2-7 所示。由图 2-7 可知，物联网语音音箱硬件主要有功能按键、电源模块、思必驰语音识别模块、彩易云智能家居模块、显示屏、WiFi 模块、数字功率放大器与高保真扬声器。

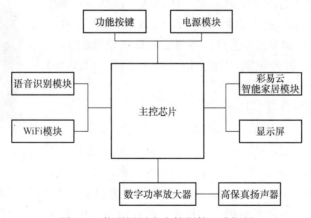

图 2-7　物联网语音音箱硬件组成框图

语音识别是智能家居和物联网的一个重要突破点，主要涉及语音合成、语音识别、多语种语音处理、远场唤醒和识别降噪等技术。语音交互是用户与设备"交流"的理想模式，在人工智能、大数据时代，语音交互的效果也越来越实用。

语音识别技术（Auto Speech Recognize，ASR）所要解决的问题是让计算机能够"听懂"人类的语音，将语音中包含的文字信息"提取"出来。ASR 技术在"能听会说"的智能音箱中扮演着重要角色，相当于给智能音箱安装上"耳朵"，使其具备"能听"的功能，进而实现人机通信和交互。在国内从事智能语音及语音识别技术研究，软件及芯片产品开发的企业主要有科大讯飞、思必驰等。

语音识别模块是在一种基于嵌入式的语音识别技术的模块，主要包括语音识别芯片和一些其他的附属电路，能够方便的与主控芯片进行通信，开发者可以方便地将该模块嵌入到自己的产品中使用，实现语音交互的目的。语音识别模块组成框图如图2-8所示。

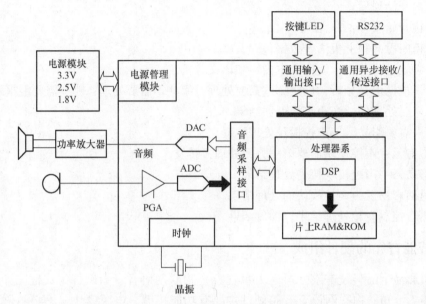

图 2-8　语音识别模块组成框图

例如科大讯飞研发的语音识别芯片 LD3320A，它是一颗基于非特定人语音识别技术的语音识别/声控芯片。LD3320A 芯片上集成了高精度的 A-D 和 D-A 接口，不再需要外接辅助的 Flash 和 RAM，即可以实现语音识别/声控/人机对话功能。LD3320A 芯片实物如图 2-9 所示。

它的主要特色功能有以下几点：

1）非特定人语音识别技术，不需要用户进行录音训练。

2）可动态编辑的识别关键词语列表，只需要把识别的关键图 2-9　LD3320A 芯片实物
词语以字符串的形式传送进芯片，即可以在下次识别中立即生
效。比如，用户在 51 等 MCU 的编程中，简单地通过设置芯片的寄存器，把诸如"你好"这样的识别关键词的内容动态地传入芯片中，芯片就可以识别这样设定的关键词语了。

3）支持用户自由编辑 50 条关键词语条，在同一时刻，最多在 50 条关键词语中进行识别，终端用户可以根据场景需要，随时编辑和更新这 50 条关键词语的内容。

4）内置高精度 A-D 和 D-A 通道，不需要外接 AD 芯片，只需要把传声器接在芯片的 AD 引脚上，可以播放声音文件，并提供 550mW 的内置放大器。

5）真正单芯片解决方案，不需要任何外接的辅助 Flash 和 RAM，真正降低系统成本。

主要技术参数如下。

- 内置单声道 16bit A – D 模-数转换。
- 内置双声道 16bit D – A 数-模转换。
- 内置 20mW 双声道耳机放大器输出。
- 内置 550mW 单声道扬声器放大器输出。
- 支持并行接口或者 SPI 接口。
- 内置锁相电路 PLL，输入主控时钟频率为 2 ~ 34MHz。
- 工作电压：（VDD）3.3V。
- 48pin 的 QFN 7 ×7 标准封装。
- 省电模式耗电：1μA。

LD3320 芯片内部的语音识别原理框图如图 2-10 中的虚线框所示。

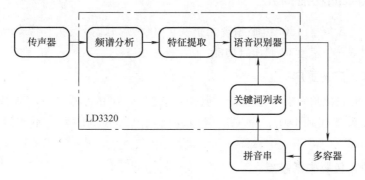

图 2-10　LD3320 芯片内部的语音识别原理框图

首先，把通过传声器输入的声音进行频谱分析；其次，提取语音特征，通过以上两步后将得到语音（即关键词）的特征信息；再次，将关键词语列表（即训练模板）中的数据与特征信息进行对比匹配；最后，找出得分最高的关键词语作为识别结果输出。

2.2　智能猫眼

2.2.1　智能猫眼概述

智能猫眼是一种替代传统猫眼的家居安防产品，是安装在防盗门上可以 24 小时自动拍照、感应监控的智能可视猫眼。通过摄像头和液晶屏显示，无论老人或者小孩都可以看清门外的情况，同时还可以对来访者进行自动拍照留档，以便业主外出归来时查看来访记录。当有访客到来时，如果家里有人，可直接通过室内显示屏与访客视频对话；如果出门在外，访客按响门铃时，通过智能猫眼搭配的手机 APP 将自动推送消息，打开 APP 即可与访客实现实时视频对话。

智能猫眼与可视门铃最本质的区别就是：设备是否通过联网，实现远程实时掌控，不论身在何方，都能通过手机随时随地获知家门外一切信息。

移康智能叮咚 3（R26F）是一款具有移动侦测功能的智能门铃，移康智能叮咚 3（R26F）外形如图 2-11 所示。

图 2-11 移康智能叮咚 3（R26F）外形

2.2.2 智能猫眼的功能简介

移康智能叮咚 3 安装 180°鱼眼超视角镜头、300 万高清摄像头、像素高达 720p 高清、WiFi 无线监控模块，主要有以下几点功能。

1. 角度增加，广角更广

普通的摄像头的视角一般不过 120°，甚至还有只达 90°的小视角。移康智能叮咚 3 从曾经的 165°广角镜头增加到 180°，彻底地将门外场景全部收进眼底，不放过任何可能出现漏洞。

2. 消除色差，色彩失真修复

移康智能叮咚 3 新添独特功能，自动进行色彩失真修复，让猫眼拍摄的画质更加真实。拍摄像素更是增加到 300 万，屏幕再次革新，采用 960×540mm 的 IPS 高清显示屏，给用户还原最真实的情况，捕捉所有细节，让所有威胁无所遁形。

3. 红外夜视，自动抓拍

移康智能叮咚 3 采用的 PIR（人体智能侦测）和红外夜视传感器，帮助每个用户日夜监控家门外的可疑人物。只要外面有人停留 3s 以上就可以自动拍照或者拍视频（停留时间可以设置）。

4. 监督小孩，保护老人

移康智能叮咚 3 可根据小孩的进门记录，随时随地掌握小孩放学是否按时回家；同时根据老人开关门记录，掌握家里老人的活动是否正常，降低老人出危险事件的概率。

5. 远程对讲，可视通话

通过专门设计的手机 APP，可以实现手机与智能猫眼之间的通话。如当快递小哥上门送快递或重要客人来访时，而用户却不在家。此时此刻快递小哥便可以通过单击智能猫眼上的按钮实现与用户的通话。还可以绑定手机查看，即使身在千里之外，掏出手机打开 APP 就能随时随地远程查看门外情况。

手机 APP 的操作步骤如图 2-12 所示。

2.2.3 智能猫眼的主要参数

移康智能叮咚 3 的主要参数见表 2-1。

图 2-12　手机 APP 的操作步骤

表 2-1　移康智能叮咚 3 的主要参数

项　　目	R26	R26F
触摸屏	5.7in 电容触摸屏	5.7in 电容触摸屏
显示屏	QHD IPS 高清显示屏	QHD IPS 高清显示屏
摄像头	720p 安防专用	720p 安防专用 + 色彩失真修复技术
红外夜视	850nm 红外补光	850nm 红外补光
摄像头可视角度	180°鱼眼	水平 180°鱼眼
拍照/摄像方式	自动抓拍/自动录像	自动抓拍/自动录像
输出格式	照片格式：JPEG 录像格式：MP4	照片格式：JPEG 录像格式：MP4
红外感应距离	3m 以内	3m 以内
Micro - SD 卡存储	最大支持 32G/内置 2GB	最大支持 32G/内置 2GB
操作方式	手机 APP，触控（本地智能屏幕）	手机 APP，触控（本地智能屏幕）
操作系统	Android/iOS	Android/iOS
有效像素	300 万像素	300 万像素
变焦倍数	固定	固定
适合门孔直径	14～55mm	14～55mm
适合门厚	35～110mm	35～110mm
供电方式	内置 8500mAh 聚合物锂电池	内置 8500mAh 聚合物锂电池
理论待机时间	节能模式理论待机时间 150 天	节能模式理论待机时间 150 天
USB 数据线充电	支持	支持
射频通信	WiFi 2.4GHz	WiFi 2.4GHz
产品颜色	土豪金	仿古铜色

2.2.4　智能猫眼的系统组成

　　智能猫眼主要分为门内主机、门外子机两大部分，包装盒内还附赠了说明书、充电器、安装配件，移康智能叮咚 3（R26F）系统如图 2-13 所示。

门铃主机采用的是 6 寸电容触摸屏，可以将门外的情况尽收屏幕之内，不仅清晰，6 寸的大屏幕，即使是老人也可以看清门外。

门外子机内置 180°鱼眼摄像头，采用 720p 安防专用的摄像头，并且独有彩色失真修复技术，这一技术，使得移康智能叮咚 3 WiFi 远程可视门铃避免了市面上其他智能猫眼在白天时的偏色问题。叮咚 3 可视门铃通过计算感光芯片吸收到自然界的各种光线，再调整摄像头使得图像达到一个佳值。

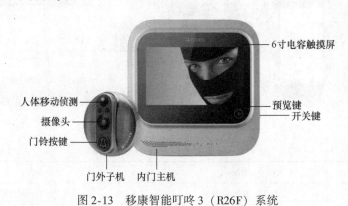

图 2-13　移康智能叮咚 3（R26F）系统

2.3　智能指纹锁

2.3.1　智能指纹锁概述

智能指纹锁是在指纹锁的基础上，加入物联网功能，实现 APP 操控。它集合了互联科技、人工智能、生物智能等高新技术，可以说是中国智能家居领域最具备科技含量的产品类目之一。智能指纹锁是智能家居入口，也是智能家居安防系统的核心组成部分。通过云端安全技术，实时反馈门锁状态和家庭安全状况，实现双向通信，并可实现门锁和智能家居设备的联动，门锁和社区 O2O 服务的对接，云端远程管理门锁，门锁紧急呼救等等功能。智能指纹门锁具有指纹、密码、机械钥匙和手机遥控 4 种开门方式。

指纹锁是一种以人体手指部位的指纹为识别载体和手段的智能锁具，它是计算机信息技术、电子技术、机械技术和现代五金工艺的完美结晶。指纹锁一般由电子识别与控制、机械联动系统两部分组成。指纹的唯一性和不可复制性决定了指纹锁是目前所有锁具中最为安全的锁种。指纹锁除指纹识别外，根据国家规定，应当加配应急机械钥匙。产品质量规范以《中华人民共和国公共安全行业标准（GA701—2007）》为主要依据。

指纹锁通过指纹识别传感器录入使用者的指纹信息，通过指纹算法，把指纹信息转换成数字信息。当已注册用户把指纹放到指纹传感器上时，系统会自动分析比对指纹信息。对比成功后，输出信号给离合器电机或磁铁实现开启或闭合，从而实现开锁或关锁。

指纹识别传感器又称为指纹采集器，是智能指纹锁中的核心器件之一，它的好坏直接影响指纹锁的安全性。目前指纹识别传感器根据采集原理的不同，一般分为光学指纹识别传感器与半导体指纹识别传感器两种，其中半导体指纹识别传感器又分为电容半导体指纹识别传感器和射频式半导体指纹识别传感器，电容半导体指纹识别传感器是瑞典 FPC 公司的一种叫法，而射频式半导体指纹识别传感器则是美国 UPEK 公司的说法。

光学指纹识别传感器是利用光的折射和反射原理，光从底部射向三棱镜，并经棱镜射出，射出的光线在手指表面指纹凹凸不平的线纹上折射的角度及反射回去的光线明暗就会不一样。CMOS 或者 CCD 的光学器件就会收集到不同明暗程度的图片信息，就完成指纹的采集。

半导体指纹识别传感器是在一块集成有成千上万半导体器件的"平板"上，手指贴在其上与其构成了电容（电感）的另一面，由于手指平面凸凹不平，凸点处和凹点处接触平板的实际距离大小就不一样，形成的电容/电感数值也就不一样，设备根据这个原理将采集到的不同的数值汇总，也就完成了指纹的采集。

生物射频式指纹识别传感器是在电容式传感器的基础上扩展的，通过传感器本身发射出微量射频信号，穿透手指的表皮层获取里层的纹路，来获得最佳的指纹图像。可以排除手指表面的污垢、油脂干扰，防伪指纹能力强，射频识别原理只对人的真皮皮肤有反应，从根本上杜绝了人造指纹的问题。

指纹识别传感器根据信号的采集方式又可分为划擦式和接触式（面阵式）两种。划擦式（又称为滑动式或刮擦式）指纹识别传感器将手指从传感器上划过，系统就能获得整个手指的指纹，其宽度只有 5mm 左右，面积只有手指的 1/5，手指按压上去时，无法一次性采集到完整图像。在采集时需要手指划过采集表面，对手指划过时采集到的每一块指纹图像进行快照，这些快照再进行拼接，才能形成完整的指纹图像；接触式（一般称为面阵式）指纹识别传感器，手指平放在设备上以便获取指纹图像，一般为了获得整个手指的指纹，必须使用比手指更大的传感器，整个手指同时按压在传感器之上。

2014 年 8 月 13 日，中国台湾 J‑Metrics（茂丞科技）推出新一代基于主动式垂直射频技术的指纹识别传感器，该指纹传感器是利用半导体感面积型测接收器，接收微小的人体手指发出指纹影像讯号，使能侦测手指 3D 影像，以辨识表面指纹的脊和谷的深度 3D 图形。它可捕捉到皮肤活体层底下，轮廓鲜明及清晰的指纹影像。

目前在智能门锁，尤其是家用智能门锁中，指纹识别已经成为标配。这其中，由于价格的原因，光学式识别方案应用得更为普遍，能占到 70% 以上。对于光学指纹识别方案，容易被假指模欺骗的安全性问题，可以说是这种方案的硬伤。

业界普遍在追寻更为安全的生物识别方案，如人脸、虹膜等，但由于技术方案的成熟度和价格原因，很难在智能门锁上大规模应用。倒是有一种与指纹识别有点类似的技术方案，有望成为指纹识别的升级替代，那就是指静脉识别。

指静脉方案的原理是采用波长 700～1100nm 的红外光照射手指，手指内部静脉血管里的血红蛋白会吸收部分红外光，从而绘制出指静脉的图像。然后将图像数字化，并做特征提取，与已经记录的指静脉图像比对，完成识别过程。

智能门锁可以说是指静脉识别最佳的应用场景，尤其与光学式指纹识别在原理和结构上的相似性，使得指静脉识别方案可以很平滑的替换掉光学指纹识别方案，指静脉技术对于智能门锁最重要的安全性会有显著的提升。

2.3.2　智能指纹锁的功能简介

下面以移康 YK6088E 型智能指纹锁为例，介绍智能指纹锁的主要功能。移康 YK6088E 型智能指纹锁的外形如图 2-14 所示。

图 2-14　移康 YK6088E 型智能指纹锁的外形

1. 指纹开锁，安全快捷

指纹是指手指末端正面皮肤上凸凹不平的纹路，尽管指纹只是人体皮肤的一小部分，但是，它蕴涵大量的信息，这些纹路在图案、断点和交点上是各不相同的，在信息处理中将它们称作"特征"，医学上已经证明这些特征对于每个手指都是不同的，而且这些特征具有唯一性、永久性和不可复制性。每个人的指纹还具有易携带、不忘记和不丢失的特点。智能指纹锁在锁内模块的 Flash 中开辟了一段存储区域作为用户指纹模板存放区即指纹库。指纹库数据是断电保护的。当用户将指纹放到指纹传感器上时，系统就会比较他的指纹特征和预先保存在指纹库的指纹特征，以验证用户的真实身份。身份符合的便可开锁，否则是打不锁的。移康 YK6088E 型智能指纹锁采用瑞典 FPC 指纹采集器，0.5s 指纹快速识别，指纹容量100 条，指纹开锁如图 2-15 所示。并有效防止指纹浅淡、粗糙指纹和受伤指纹。

2. 密码开锁，谨防窥视

移康 YK6088E 型智能指纹锁采用具有虚位密码功能的芯片算法，可以在真实密码前后，随意添加任意随机数字开门，让用户在有客人的场合都不必遮遮掩掩，防止密码无意中泄露，也可以大大方方的解锁开门。这个密码技术不同于其他密码技术，用户在开门时，可在真实密码前后随意增加乱码，起到保护密码的作用，虚位密码开锁如图 2-16 所示。

图 2-15　指纹开锁

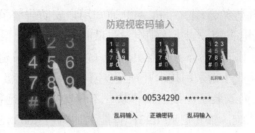

图 2-16　虚位密码开锁

3. 手机联动，远程开锁

移康 YK6088E 型智能指纹锁内部加装了无线通信簿块，用户可以通过手机 APP 就可输入密码实现远程开锁，手机远程开锁如图 2-17 所示。这样智能指纹锁有指纹开锁、密码开锁和手机开锁 3 种方式，可供用户任意选择。

4. 应急钥匙开锁

移康 YK6088E 型智能指纹锁根据国家规定，加配了应急机械钥匙插孔，出现密码忘记、电量耗尽或系统无法运作等紧急情况，可使用备用机械钥匙开锁。其位置在室外门锁面板最下方，机械钥匙插孔如图 2-18 所示。

图 2-17　手机远程开锁

图 2-18　机械钥匙插孔

5. 内部反锁与安全模式

移康 YK6088E 型智能指纹锁还支持内部反锁功能，旋转反锁旋钮后室外无法正常开启，晚上睡觉前可启用该模式。若长时间出差可启用"安全模式"，即进门时需要密码＋指纹的双重验证。

6. 其他功能

移康 YK6088E 型智能指纹锁除上述开锁的基本功能外，还具有以下几点功能。

1）电量查询。查询智能指纹锁当前电量，手机 APP 会显示当前门锁电池的电量。

2）开锁记录。用户开门后锁内控制器需上报开门时间、上报开门方式给中控设备，并传给云端，存储开门记录，手机 APP 会显示用户开门记录。

3）安防告警。在输入密码时，如果连续 3 次出错，智能指纹锁会发出密码验证错误报警；如果连续 3 次出现指纹输入错误，会发出指纹验证错误报警；如果门锁被撬开时，会发出防撬报警；如果门锁超时未锁时，也会发出告警。上述告警信息由锁内的控制器上报给中控设备，并传给云端，手机 APP 通知用户安防告警消息，提醒用户及时处理异常情况。

4）低电告警。当指纹锁电量过低时，指纹锁上报低电告警，手机 APP 显示低电量图标。

5）采用三防锁体，防盗更安心。锁芯是采用了超 B 级锁芯，具有防撞、防撬、防锯的三防功能。职业小偷采用技术开锁至少需要 3h 以上，极大增加了盗窃成本，让小偷望门生畏。

6）锁内安装了无线通信模块，不仅支持手机远程开锁，还能与智能猫眼形成联动，组成智能门系统。如将叮咚 R23E 智能猫眼与 YK6088E 智能指纹锁进行联动后，便形成的一套更加智能化的家庭安防系统。通过在指纹锁内安装无线通信模块，实现了智能猫眼和锁的联通，此外智能门系统还兼顾了远程可视对讲、防盗预警推送和远程联动开锁三项核心功能。不仅如此，智能门系统还能时刻记录家门出入人流的信息，防止一切可能出现的威胁。

7）低耗节能，持久耐用。锁内装有标准 4 节 5 号电池，可持续使用半年以上，如图 2-19 所示。

8）锁上显示屏自动显示日期、时间及操作提示，如图 2-20 所示。图 2-20 显示的日期是 2013 年 11 月 15 日，时间是 13 点 59 分 51 秒，"请输入密码"提示。

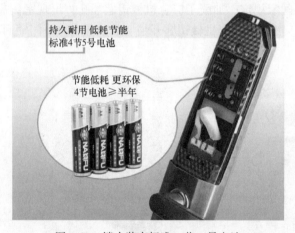

图 2-19　锁内装有标准 4 节 5 号电池

图 2-20　锁上显示屏

2.3.3　智能指纹锁的主要参数

移康 YK6088E 型智能指纹锁的主要参数见表 2-2。

表 2-2　移康 YK6088E 型智能指纹锁的主要参数

型　　号	外形尺寸/mm	适用门类型	适用门厚/mm
YK6088E	398×85×40.5	木门/防盗门/不锈钢门	40≤门厚≤120
管理员指纹	普通用户指纹	锁芯安全等级	全程语音指导
1 枚	100 枚	超 B 级锁芯	支持
管理员密码	普通用户密码	室内反锁功能	防撞/防撬/防锯
1 组	10 组	支持	支持
密码长度	防猫眼开门	工作电源	运行环境温度计
6 位（支持虚位密码）	支持	4 节 5 号电池	-25~70℃

2.3.4 智能指纹锁的硬件组成

智能指纹锁的硬件组成包括机械部分和电子部分，机械部分有前后面板、锁体、把手、电机和应急钥匙；电子部分有指纹识别传感器（指纹采集器）、指纹算法芯片、数字键盘、微控制器（MCU）、液晶显示屏、网络模块、电机驱动器和电池，智能指纹锁电子部分组成框图如图 2-21 所示。

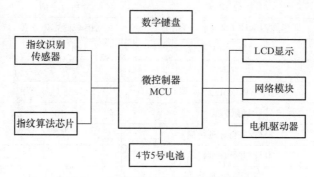

图 2-21　智能指纹锁电子部分组成框图

1. 指纹传感器

移康 YK6088E 型智能指纹锁采用瑞典 FPC1011F3 指纹传感器，其外形如图 2-22 所示。

瑞典 FPC 指纹传感器采取了独创的反射式测量法，就像回声原理一样，发出的声音越大，回声就越大，这就实现了增强探测信号。保证取得稳定、清晰的指纹图像，由于探测信号增强就带来了另一个好处，芯片表面的保护膜可以做得更厚（比同类厚 10～25 倍），拥有更厚的保护层就意味着更强，耐磨性（＞100 万次）和抗静电（大于 15kV）甚至可达 20kV，反之，因为直接测量法探测到的信号本来就微弱，所以芯片表面的保护膜就无法做得很厚，抗静电性和耐磨性就无法达到实际需求。

图 2-22　瑞典 FPC1011F3 指纹传感器外形

瑞典 FPC 指纹传感器有以下特点。

- 抗静电：大于 15kV，达到国际 4 IEC 61000-4-2 标准。
- 耐磨性：超过 100 万次。
- 采集图像清晰：初次采集图像，到 100 万次后采集图像依然清晰。
- 识别指纹时间短。
- 高速的 SPI 接口。
- 环境湿度：0～95%。
- 具有 363dpi 的分辨率。
- 低功耗，3.3V 或 2.5V 的工作电压，7mA 工作电流。
- 符合国际标准高品质 FR4 材质。

- 内置 A‑D 转换，从而输出高质量的数字指纹图像。
- 活体指纹识别，探测真皮层，对干湿手指具有良好适应性。
- 8 位模‑数转换器，可以方便与低成本接头接入系统中。
- 耐高低温：通常适用温度 –20 ~ +85℃，储存温度 –40 ~ +85℃。

新一代升级指纹传感器 FPC1011F 的技术参数见表 2-3。

表 2-3　新一代升级指纹传感器 FPC1011F 的技术参数

参 数 名 称	参 数 说 明	数　值	单　位
尺寸	感应器本体（宽×长×高）	20. 4 ×33. 4 ×2. 3	mm
界面接口	串行/并行资料传输	8	pin
电源供应	直流	2. 5 ~ 3. 3	V
电流消耗	电压 3.3V，4MHz（室温）	7	mA
睡眠模式	睡眠模式	10	μA
耗电	串行/并行序列传输	32	MHz
时钟频率	串行/并行序列传输	4	Mpixel/s
读取速率	像素矩阵	10. 64 ×14. 00	mm
感应区域	像素矩阵（363 dpi）	152 ×200	pixel
感应阵列	256 灰度值	8	bit
大小	IEC61000 – 4 – 2	>15	kV
像素	采用 6N 的正压力进行摩擦（来回为一周期）	>1 百万	cycle
抗静电保护磨损			

广东佛山耐特锁业有限公司生产指纹锁采用指昂科技研发的光学指纹识别模块，该模块以高速 DSP 处理器为核心，结合具有自主知识产权的光学指纹传感器，具有指纹录入、图像处理、指纹比对、搜索和模板储存等功能，ZAZ‑050 指纹识别模块外形如图 2-23 所示。

图 2-23　ZAZ‑050 指纹识别模块外形

ZAZ‑050 指纹识别模块的技术参数如下。

（1）电气参数

供电电压：5V（典型值），范围是：4. 2 ~ 7. 0V。

供电电流：60mA（典型值），峰值电流，80mA。

指纹图像：录入时间 < 0.5s。

工作温度： - 30 ~ + 70℃。

存储温度： - 40 ~ + 80℃。

工作湿度：20% ~90%。

存储湿度：16% ~95%。

（2）性能参数

采集窗口尺寸：21mm × 24mm。

有效图像尺寸：17mm × 19.3mm。

图像大小：256 × 288pixel。

图像像素：500dpi。

匹配方式：比对方式（1 : 1）搜索方式（1 : N）。

指纹特征：384B。

指纹模板：1536B。

存储容量：100 枚。

安全等级：五级（从低到高：1、2、3、4、5）。

认假率（FAR）： < 0.001%（安全等级为 3 时）。

拒真率（FRR）： < 0.005%（安全等级为 3 时）。

搜索时间： < 1.0s（1 : 1000 时，均值）。

通信接口：UART（TTL 逻辑电平）或者 USB1.1/2.0 兼容。

通信波特率（UART）：(9600 × N)bit/s，其中 N = 1 ~ 12（默认出厂 N = 6，即 57600bit/s）。

2. 指纹算法芯片

指纹识别算法是指在指纹识别过程中，对采集的指纹图像预处理、数据特征提取、特征匹配等。其中图像预处理的主要步骤包括：图像分割、图像增强、二值化处理、二值去噪、细化等。预处理的目的是改善输入指纹图像的质量，以提高特征提取的准确性。原始指纹图像一般存在噪声污染、脊线断裂或脊线模糊等问题，需要进行图像增强（使用滤波技术）以改善质量。由于指纹特征仅包含在脊线的形状结构中，所以，通过二值化和细化把深浅不一、宽度不同的脊线变成灰度相同、单像素宽的细脊线，以便于特征提取。指纹识别算法流程框图如图 2-24 所示。

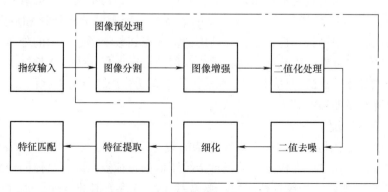

图 2-24 指纹识别算法流程框图

（1）图像预处理

1）图像分割。因为获得的指纹图像跟其背景区域相混合，所以需要对原始指纹图像进行背景分离。由指纹图像可知，在背景和指纹图像之间存在一道白色区域，所以首先对指纹图像进行初步处理，消除最外面的边框。然后对指纹图像进行进一步的处理，消除剩下的背景区域。

2）图像增强（中值滤波）。由于分割后的图像质量仍然不是很好，所以需要对其进行进一步的增强处理。这是指纹图像预处理过程中最核心的一步，主要是通过对受噪声影响的指纹图像去噪，同时对图像进行修复和整理，增强脊线谷线结构对比度，进一步获取更加清晰的图像。

3）二值化处理。经过中值滤波后的指纹图像首先要进行二值化处理，变成二值图像。即将灰度图像（灰度有 255 阶）转化为只包含黑、白两个灰度的二值图像，即 0 和 1 两个值。

由于采集到的指纹图像不同区域深浅不一，如对整幅图像使用同一阈值进行二值分割，会造成大量有用信息的丢失。使用自适应局部阈值二值化处理是对每小块指纹图像，选取的阈值应尽量使该块图像内大于该阈值的像素点数等于小于该阈值的像素点数。这样使脊的灰度值趋于一致，对图像信息进行压缩，节约了存储空间，有利于指纹特征提取和匹配。

4）二值去噪。二值去噪是在指纹图像二值化处理后，再一次消除不必要的噪声，以利于辨识。

5）指纹图像的细化。细化处理是在指纹图像二值去噪之后，在不影响纹线连通性的基础上，删除纹线的边缘像素，直到纹线为单像素宽为止，并在此基础上进行细化纹线的修复，包括断线的连接、毛刺和叉连的去除、短线和小孔的消除等。

（2）特征提取

指纹图像特征提取的算法有很多种，主要有基于灰度图像的细节特征提取、基于曲线的特征提取、基于奇异点的特征提取、基于脊线频率的特征提取等。对指纹图像的特征点进行提取，能有效地减少伪特征点，提取准确的特征点，提高匹配速度和指纹识别性能，降低识别系统的误识率和拒真率。

有一种是基于非彻底细化图像的指纹细节提取算法，它在不对纹线做任何修复处理的情况下，在细化指纹图像上直接提取原始细节特征点集，得到初步的特征提取结果；然后分析图像中存在的各类噪声及其特点，结合指纹细节特征点固有的分布规律和局部纹线方向信息，针对不同的噪声采用针对性算法，并利用伪特征点在数学形态学上的分布规律，将各类噪声引起的伪特征点分别予以删除，而将最终保留的特征点集作为真正特征点的集合。指纹图像特征点提取具体算法流程如图 2-25 所示，其中去伪算法又分为去除伪端点、去除小孔、去除毛刺和去除绞线差连等几部分。

（3）指纹图像匹配

指纹图像的匹配就是对两个输入指纹的特征集合（模板指纹集和输入指纹集）进行判断，看是否属于同一指纹。在极坐标下进行指纹图像的特征点匹配，具体的极坐标细节匹配算法步骤如图 2-26 所示。指纹特征匹配主要是基于细节特征值的匹配，通过对输入指纹细节特征值与存储的指纹细节特征值相比较，实现指纹识别，两者相比较时需要设立一个临界

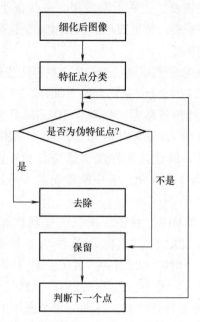

图 2-25　图像特征点提取具体算法流程

值，匹配时大于这个阈值，则指纹匹配；当匹配时小于阈值，则指纹不匹配。特征匹配是识别系统的关键环节，匹配算法的好坏直接影响识别的性能、速度和效率。

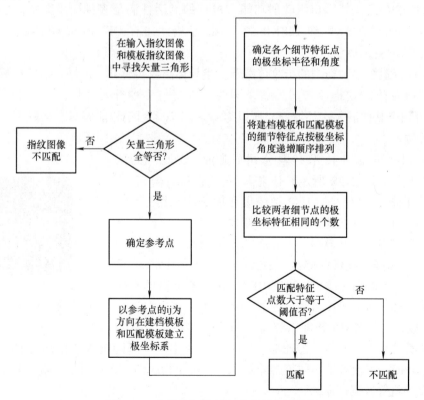

图 2-26　具体的极坐标细节匹配算法步骤

指纹识别算法随着科技的进步，也在不断发展。一些企业将指纹识别算法嵌入在芯片中，能够片上实现指纹的图像采集、特征提取、特征比对。这使得开发过程变得简单，开发者可以方便地实现指纹识别的功能。

如北京艾迪沃德科技发展有限公司研制的 QS808 指纹算法芯片是一款高性能、低功耗指纹算法芯片，QS808 芯片外形如图 2-27 所示。该芯片是一种 32 位多功能微控制器，搭载了 IDworld 几十年国际领先的 IDworld5.0 自学习指纹识别算法。基于 ARM Cortex™-M3 指令的内核，具备最佳处理性能、低功耗和外设可配的能力，带有一个紧密耦合的嵌套向量中断控制器、系统时钟和先进的调试功能。

图 2-27　QS808 芯片外形

QS808 指纹芯片主频为 108MHz，提供了出色的处理性能。基本型片内闪存（Flash）最大为 128KB，RAM 最大为 20KB，供电电压范围为 2.6～3.6V，内核的供电电压为 1.2V，I/O 口可承受 5V 电平，内嵌实时时钟（RTC）和 2 个看门狗（WDG），具有掉电复位（PDR）、上电复位（POR）及电压监测（LVD）功能。支持三相 PWM 互补输出和积分器的高级控制定时器可用于矢量控制，还拥有 3 个通用 16 位定时器。提供多达 43 个外部中断并可嵌套 16 个可编程优先级。还集成了丰富的外设功能，拥有 USB2.0 全速、CAN、LIN、LCD 等通用接口并可连接 NOR-Flash、SRAM 等外部存储器，还配备有两个采样率为 1MSPS 多达 16 通道的 12 位高速 ADC、3 个 USART、2 个 SPI、2 个 I^2C、多达 80% 的可用 GPIO 还支持端口重映射功能，极佳的灵活性满足多种应用需求。QS808 指纹芯片基本型提供从 16KB 到 128KB 的 Flash 容量，并有 QFN36、TQFP48、LQFP64 和 LQFP100 多种封装选择。

QS808 可以适配多种类型的指纹传感器：半导体指纹传感器、滑动式指纹传感器、光学指纹传感器以及热敏式指纹传感器等。同时，它支持多种开发环境：Android、Windows、Linux，也可用于其他嵌入式环境等。所以 QS808 可以运用于智能家居、物联网、安防市场和车联网等领域。

又如杭州晟元芯片技术有限公司研制的 AS602 芯片，AS602 芯片外形如图 2-28 所示。该芯片采用哈佛结构 32 位 RISC 处理器内核，内置专用 DSP 指令集和加速器。其主要特点是具有 SEA/RSA 加速引擎、内置存储器（Flash/OTP）、指纹处理加速器和专用算法软件。AS602 芯片主频高达 128MHz，内置 128KB 高速静态随机存储器（SRAM），嵌入了 1MB 大容量 FLASH，64KB ROM 和 4KB OTP ROM，并具备丰富的对外接口：除了 USB2.0 全速接口外，还具备 3 组 USART 接口、4 通道 PWM 接口、ISO7816 智能卡接口、APC 主接口、片上实

图 2-28　AS602 芯片外形

时钟、对称算法引擎（SEA）加速器、RSA 加解密引擎、真随机数产生器（TRNG），以及多达 51 路 GPIO，以便满足不同传感器的需求，用于指纹锁、指纹门禁、指纹 U 盘、指纹硬盘以及指纹手机等数码产品。

2.4 智能背景音乐主机

深圳亿佳音科技有限公司生产的亿佳音 JY188A 型背景音乐主机采用的是 7 寸高清数字显示屏（1024×600 IPS 高清分辨率显示屏），多点电容式触摸屏，主芯片采用 Cortex – A9 四核处理器，主频 1.2GHz，安卓 4.4 操作系统。本机运行存储为 1GB，机身存储为 8GB。支持 DLNA、Airplay、Qplay 等协议。

2.4.1 智能背景音乐主机的功能介绍

1. 手机同屏操作

用智能手机等移动终端设备安装本公司的 APP 可以实现局域网内对本主机进行各种不同操控，如可以将主机的操作画面实时投射到移动终端设备，通过移动终端设备进行操作主机的各项功能。JY188A 型主机的功能界面（一）如图 2-29 所示，在智能手机上同样可有这种功能界面，这样可在手机上随时随地控制主机。

图 2-29 JY188A 型主机的功能界面（一）

2. 实时显示日期、时间、天气、地址

亿佳音 JY188A 型智能背景音乐主机能实时显示日期、时间、天气与地址。图 2-29 功能界面（一）上面中间屏幕显示的日期是（2017 年）05/19 周五（农历）四月二十四、时间是 13：32、地址是深圳市宝安区、天气晴，明天中雨 22/26℃、周日中雨 23/29℃、周一中雨 23/26℃。

3. 卡拉 OK 演唱

亿佳音 JY188A 型智能背景音乐主机支持利用无线传声器进行家庭卡拉 OK 演唱娱乐，只要轻轻一点图 2-29 功能界面（一）右上方的卡拉 OK 图案，就可在朋友欢聚时，想唱就唱。

4. 局域网对讲

亿佳音 JY188A 型智能背景音乐主机支持局域网语音实时对讲，只要轻轻一点图 2-29 功能界面（一）左下方的对讲机图案，就可与其他房间的主机进行对讲，对方能及时听到呼叫声音。

5. 多档定时开关机

亿佳音 JY188A 型智能背景音乐主机可任意设定时间，支持多档定时开关机。定时开机后可选取指定歌曲进行播放。设置定时开关机时要将功能界面用手往右滑动，见到下方第三只指示灯亮，出现图 2-30 所示设置定时开关机界面，然后单击图 2-30 上方中间的定时开关机图案，便可任意设定时间。

图 2-30　设置定时开关机界面

6. 多种音乐播放

亿佳音 JY188A 型智能背景音乐主机支持多种音乐播放，图 2-29 功能界面（一）左上方有本地音乐，下面中间有百度音乐和听喜马拉雅 FM（调频）广播，图 2-30 中左上方有网络音乐。不同音乐由蓝牙信号自动切换或用手机切换。

7. 高清视频输出

亿佳音 JY188A 型智能背景音乐主机具有高清视频解码功能，支持网络视频、网络电影、电视节目随意看，配合 HDMI 输出至电视机，背景音乐主机变成网络电视机顶盒。

8. 语音点播歌曲

亿佳音 JY188A 型智能背景音乐主机内置语音识别电路，只要说出想听的歌曲，主机就会输出优美动听的音乐。

9. 两功率放大器输出

亿佳音 JY188A 型智能背景音乐主机内置 YAMAHA（雅马哈）YDA138－E 数字，四声道扬声器输出，支持 2 区分音量调节，调节音调时要将功能界面用手往右滑动，见到下方第二只指示灯亮，出现图 2-31 所示界面，然后单击图 2-31 上方调节图案，便可进行操作，音量调节界面如图 2-31 所示。

10. 对接可视门铃

亿佳音 JY188A 型智能背景音乐主机支持可视门铃，可与本公司生产的 WIFI601/602 型可视门铃对接，进行实时双向可视通话，达到图像、语音双重识别，从而增加了安全可靠性。

图 2-31　音量调节界面

2.4.2　智能背景音乐主机的主要参数

亿佳音 JY188A 型智能背景音乐主机的主要参数见表 2-4。

表 2-4　主要参数

项　目	参　数	项　目	参　数
电源输入	AC 90~250V	输出功率	4×30W
输出阻抗	4~8Ω	总谐波失真	<0.03%（1W，1kHz）
频响	20Hz~20kHz	音频信噪比	>98dB
音频输入（AUX）	一组	音频输出	一组
模拟低音炮输出	一组	高清视频输出	一组（HDMI）
有线网口	支持	WiFi	支持（≥30m，≤50m）
蓝牙音频推送	支持	WiFi音频推送	支持
线盒开孔尺寸	175×110×60mm	产品尺寸	183×114×14mm

2.4.3　智能背景音乐主机的电路组成和主要器件

1. 内部结构框图

亿佳音 JY188A 型智能背景音乐主机主要由 Cortex－A9 四核处理器、YAMAHA（雅马哈）YD138－E 数字功率放大器、咪头（传声器）、触摸屏、显示屏、蓝牙模块、WiFi 模块、电源模块等电路组成，其内部结构框图如图 2-32 所示。

2. Cortex－A9 四核处理器

Cortex－A9 四核处理器是性能最高的 ARM 处理器，能与其他 Cortex 系列处理器以及广受欢迎的 ARM MPCore 技术兼容，因此能够很好延用包括操作系统/实时操作系统（OS/RTOS）、中间件及应用在内的丰富生态系统，从而减少采用全新处理器所需的成本。Cortex－A9 四核处理器内部结构框图如图 2-33 所示。

由图 2-33 可知，Cortex－A9 内的主要子模块包括中央处理单元 CPU、指令高速缓存和数据高速缓存器、浮点运算单元、侦测控制单元和内核接口等。

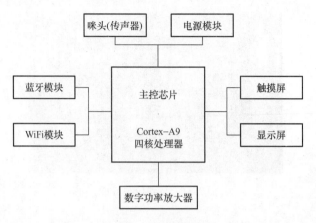

图 2-32　内部结构框图

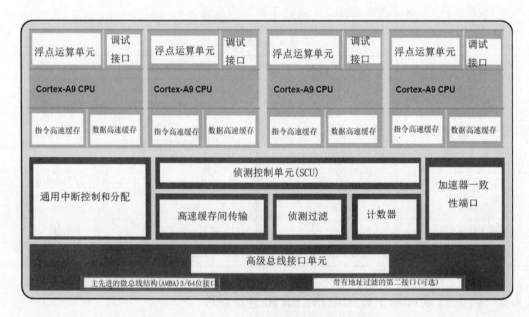

图 2-33　Cortex－A9 四核处理器内部结构框图

Cortex－A9 CPU 的内部结构如图 2-34 所示。每个 Cortex－A9 的 CPU 能在一个周期给出两个指令，并且以无序的方式执行。CPU 实现动态地分支预测和可变长度的流水线，性能达到 2.5DMIPs/MHz。Cortex－A9 处理器实现 ARM v7－A 的结构、支持充分的虚拟存储器、能执行 32 位的 ARM 指令、16 位及 32 位的 Thumb 指令和在 Jazelle 状态下的一个 8 位 Java 字节码。

指令高速缓存负责给 Cortex－A9 处理器提供一个指令流。指令缓存有直接和预取单元接口，预取单元包含一个两级预测机制。指令缓存为虚拟索引和物理标记。

数据高速缓存负责保留 Cortex－A9 处理器所使用的数据。数据缓存的关键特性包括：数据缓存为物理索引和物理标记；数据缓存是非阻塞的，因此加载/保存指令能连续地命中缓存，同时执行由于先前读/写缺失所产生的来自外部存储器的分配，数据缓存支持 4 个超前地读和 4 个超前地写；CPU 能支持最多 4 个超前的预加载指令，然而明确的加载/保存指

60

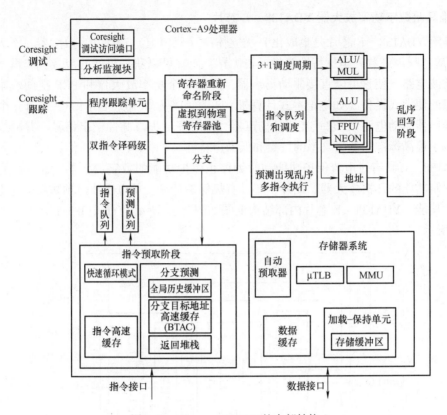

图 2-34　Cortex - A9 CPU 的内部结构

令有较高的优先级；Cortex - A9 加载/保存单元支持预测的数据预加载，用于监视程序顺序的访问，在请求开始前开始加载下一个期望的行，使用 cp15 辅助控制寄存器（DP 位），使能这个特性，在分配前可以不使用这个预取行，预加载指令有较高的优先级；数据缓存支持两个 32B 行填充的缓冲区和一个 32B 的替换（淘汰）缓冲区；Cortex - A9 CPU 有一个带 64位槽和数据合并能力的保存缓冲区；所有数据读缺失和写缺失是非阻塞的，支持最多 4个超前数据读缺失和 4 个超前数据写缺失；APU 数据缓存使用 MESI 算法，完整地侦听一致性控制；Cortex - A9 内的数据缓存包含本地保存/加载互斥监视程序，用于 LDREX/STREX 同步，这些指令用于实现信号量，互斥监控程序只管理带有 8 个字或者一个缓存行颗粒度的一个地址，因此避免交错的 LDREX/STREX 序列，并且总是执行一个 CLREX指令，作为任何上下文切换的一部分；数据缓存只支持写回/写分配策略，不实现写通过和写回/非写分配策略。

　　侦测控制单元（SCU）将两个 Cortex - A9 处理器连接到存储器子系统，并且管理两个处理器和 2 级缓存之间的缓存一致性。这个单元负责管理互联仲裁、通信、缓存和系统存储器传输，以及 Cortex - A9 处理器的缓存一致性。APU 也将 SCU 的能力开放给通过 ACP 接口所连接的、PL 内所实现的加速器。这个接口允许 PL 主设备共享和访问处理器的缓存"层次"（不同的缓存结构）。所提供的系统一致性不但改善了性能，也减少了软件的复杂度（否则需要在每个操作系统的驱动程序中负责维护软件的一致性）。

3. 雅马哈数字功率放大器 YDA138 - E 芯片

雅马哈 YDA138 - E 芯片是集成化 D 类立体声（双声道）音频功率放大器，不失真输出功率为 3W，噪声系数、串扰特性等指标较优异，使它可以获得更好的声音。非耦合输出和无低通滤波电路，使它可以直接驱动扬声器，降低整个功率放大器和 PCB 空间成本。它是一种理想的便携式设备（如笔记本式计算机）音频功率放大器。YDA138 - E 有一个"纯脉冲直接扬声器驱动电路"，它直接驱动扬声器，同时降低失真脉冲输出信号，并减少信号噪声，实现了最高标准的低失真率的特点和低噪声特性。

YDA138 - E 具有过电流保护功能和时钟停止保护功能的数字放大器。此外，它具有输出电流限制功能的耳机放大器。此外，还具有热保护功能、低电压故障预防功能、电源电压动态保护功能。YDA138 - E 芯片内部结构框图如图 2-35 所示，YDA138 - E 芯片引脚定义如图 2-36 所示。

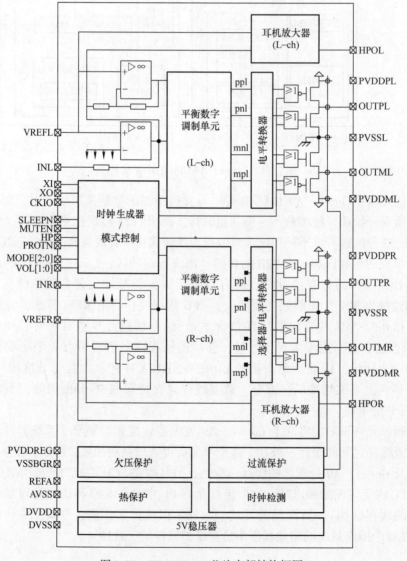

图 2-35 YDA138 - E 芯片内部结构框图

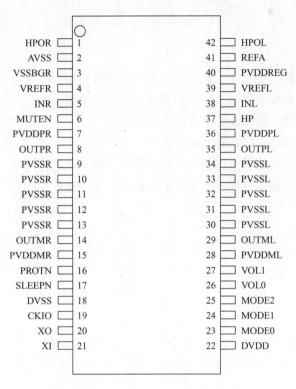

图 2-36   YDA138－E芯片引脚定义

2.5   实训2   剖析智慧家庭中一种智能产品

1. 实训目的

1）了解这种智能产品主要功能。
2）熟悉这种智能产品的组成与主要器件。
3）分析这种智能产品与其他同类产品优缺点。

2. 实训场地

到学校附近的智慧家庭体验店了解一种智能产品，然后买到这种产品。

3. 实训步骤与内容

1）在网上收集这种产品的资料。
2）分小组对这种产品进行剖析。
3）画出这种产品组成的硬件框图。

4. 实训报告

写出实训报告，包括这种智能产品与其他同类产品优缺点。

2.6 思考题

1. 智能音箱有哪些主要功能？画出智能音箱的硬件组成框图。
2. 什么是语音识别模块？画出语音识别模块的组成框图。
3. 智能猫眼有哪些主要功能？由几部分组成？
4. 智能指纹锁有哪些主要功能？由几部分组成？
5. 指纹传感器主要有几种？指纹算法包括哪些步骤？
6. 智能背景音乐控制器有哪些主要功能？画出其硬件组成框图。

第3章 智慧家庭终端的几种常见硬件

本章要点

- 熟悉主流嵌入式处理器。
- 掌握嵌入式处理器的选型。
- 熟悉智能家居常用的传感器和执行器。
- 熟悉几种无线传感器网络芯片。

3.1 嵌入式处理器

嵌入式处理器是一种集成电路，只不过它采用超大规模集成电路技术把具有数据处理能力的中央处理器 CPU、随机读写存储器 RAM、只读存储器 ROM、多种 I/O 口和中断系统、定时器/计数器等功能（可能还包括显示驱动电路、脉宽调制电路、模拟多路转换器、A－D转换器等电路）集成到一块硅片上构成的一个小而完善的微型电子计算机，在智慧家庭终端领域的应用非常广泛。

3.1.1 嵌入式处理器的分类

嵌入式处理器根据应用场景和功能不同，分为嵌入式微处理器（EMPU）、嵌入式微控制器（EMCU）、嵌入式数字信号处理器（EDSP）、嵌入式片上系统（ESoC），嵌入式处理器的分类如图 3-1 所示。

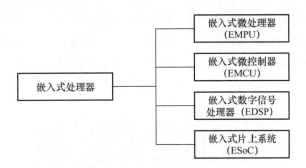

图 3-1 嵌入式处理器的分类

按指令集不同，可分为集中指令集（CISC）和精简指令集（RISC）两种。

按内部总线宽度不同，可分为 8 位嵌入式处理器、16 位嵌入式处理器、32 位嵌入式处理器。

1. 嵌入式微处理器

嵌入式微处理器源自通用计算机中的中央处理器（CPU），是将其应用于嵌入式领域后的一种称谓，与通用计算机处理器不同的是保留了仅与嵌入式应用紧密相关的功能硬件，与桌面版相比在性能上相比前者有所降低，但功耗却是其几分之一，以应对嵌入式领域的低功耗需求。典型的嵌入式微处理器有 IBM 公司的 PowerPC、经典的 MIPS 以及 ARM 中的 Cortex－A 系列处理器等，Cortex－A 系列处理器如图 3-2 所示。

2. 嵌入式微控制器

嵌入式微控制器主要是面向控制领域的嵌入式处理器，也可以看成是嵌入式微处理器在控制领域功能更为细分的版本，与其各自产品体系中普通的嵌入式微处理器相比，嵌入式微控制器虽然性能略有不及，但功耗更低，成本更低，更符合于控制应用的低功耗、大批量的需求，同时嵌入式微控制器中集成了存储器、定时器、I/O 接口以及多种通信接口与调试接口等各种必要的功能部件。典型的产品有 Intel 的 51 系列、TI 的 MSP430 系列以及 ARM 的 Cortex－M 系列产品等。MSP430 系列嵌入式微控制器如图 3-3 所示。

图 3-2　Cortex－A 系列处理器　　　　　图 3-3　MSP430 系列嵌入式微控制器

3. 嵌入式数字信号处理器

嵌入式数字信号处理器是用来在嵌入式进行专用数字信号计算的处理器，不同于通用处理器的 RISC 或 CISC 指令结构，其一般采用超长指令字结构以达到较高的指令并行和数据并行，并且在硬件结构上具有专用的乘法器和乘累加器，并含有定制的算法 IP 核，从而高效并实时地完成需要较大计算量的数字信号处理算法，典型的产品有 TI 公司的 TMS320x 系列产品以及 Motorola 公司的 DSP56000 系列等。TMS320x 系列嵌入式数字信号处理器如图 3-4 所示。

图 3-4　TMS320x 系列嵌入式数字信号处理器
a) TMS320C　b) TMS 320F

4. 嵌入式片上系统

嵌入式片上系统是一个将计算机或其他电子系统集成为单一芯片的集成电路器件，该系统可以集成一个或多个微控制器或微处理器、数字信号处理器或者 FPGA 等可定制逻辑单元，同时也包含相应的存储、时钟、计数器、电源电路、各种标准的总线和 A - D 转换设备等。一般通过将各种通用处理器内核将作为 SoC 设计的标准库，和许多其他嵌入式系统外设一样，作为 VLSI 设计中标准器件。用户只需定义整个应用系统，通过调用标准器件，仿真通过后就可以将设计图交给半导体工厂制作样品。现代嵌入式微控制器也可以看成是一种批量生产的嵌入式 SoC，但同时也有个别应用需要根据具体需求进行自定义的 SoC 设计，以达到完成相应的任务处理。例如，78M6613 是业内首款电能测量 SoC 方案，支持 AC - DC 电源系统，用于简化电源、智能电器以及其他具有嵌入式交流负载监测和控制功能系统中的单相交流电测量。器件采用小尺寸 5mm×5mm、32 引脚 QFN 封装，78M6613 片上系统（SoC）处理器如图 3-5 所示。

图 3-5　78M6613 片上系统（SoC）处理器

3.1.2　嵌入式处理器的组成

嵌入式处理器是一种集成电路，只不过它采用超大规模集成电路技术把具有数据处理能力的中央处理器 CPU、随机读写存储器 RAM、只读存储器 ROM、多种 I/O 口和中断系统、定时器/计数器等功能（可能还包括显示驱动电路、脉宽调制电路、模拟多路转换器、A - D 转换器等电路）集成到一块硅片上构成的一个小而完善的微型电子计算机，在智能控制领域的应用非常广泛。

1. 嵌入式处理器的内部结构

嵌入式处理器的内部结构基本相同，下面以 80C51 嵌入式处理器为例介绍嵌入式处理器的内部结构。

嵌入式处理器的内部结构按功能可划分为 8 个组成部分：处理器（CPU）、数据存储器（RAM）、程序存储器（ROM/EPROM）、特殊功能寄存器（SFR）、I/O 接口、串行口、定时器/计数器及中断系统，各部分是通过内部总线连接起来的。80C51 型嵌入式处理器内部功能结构框图如图 3-6 所示。

从图 3-6 中可以看到，80C51 嵌入式处理器芯片内部集成的功能部件主要包含如下内容。

1）一个 8 位 CPU。

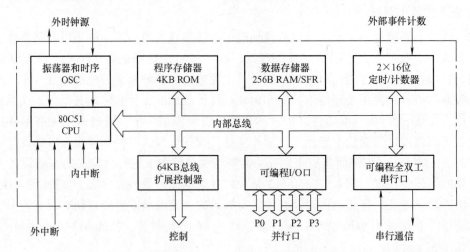

图 3-6 80C51 型嵌入式处理器内部功能结构框图

2）一个片内振荡器和时钟电路。

3）4KB ROM（80C51 有 4KB 掩膜 ROM，87C51 有 4KBEPROM，80C31 片内无 ROM）。

4）256B 内 RAM。

5）可寻址 64KB 的外 ROM 和外 RAM 控制电路。

6）两个 16 位定时/计数器。

7）21 个特殊功能寄存器。

8）4 个 8 位并行 I/O 口，共 32 条可编程 I/O 端线。

9）一个可编程全双工串行口。

10）5 个中断源，可设置成两个优先级。

2. 引脚功能

80C51 嵌入式处理器一般采用双列直插 DIP 封装，共 40 个引脚。图 3-7a 为引脚排列图。图 3-7b 为逻辑符号图。40 个引脚大致可分为 4 类：电源、时钟、控制和 I/O 引脚。89C51 嵌入式处理器的外形如图 3-8 所示。

（1）主电源引脚

U_{SS}（20 脚）：接地；U_{CC}（40 脚）：主电源 +5V。

（2）时钟电路引脚

XTAL2（19 脚）：接外部晶体的一端。在片内它是振荡电路反相放大器的输入端。在采用外部时钟时，对于 HMOS 嵌入式处理器，该端引脚必须接地；对于 CHMOS 嵌入式处理器，此引脚作为驱动端；XTAL1（18 脚）：接外部晶体的另一端。在片内它是一个振荡电路反相放大电路的输出端，振荡电路的频率是晶体振荡频率。若需采用外部时钟电路，对于 HMOS 嵌入式处理器，该引脚输入外部时钟脉冲；对于 CHMOS 嵌入式处理器，此引脚应悬空。

（3）控制信号引脚

RST（9 脚）：嵌入式处理器刚接上电源时，其内部各寄存器处于随机状态，在该脚输入 24 个时钟周期宽度以上的高电乎将使嵌入式处理器复位（RESET）。

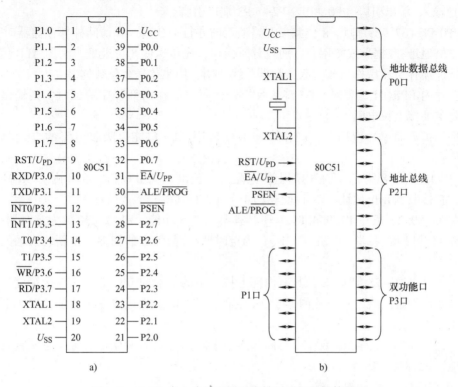

图 3-7 80C51 嵌入式处理器引脚排列图和逻辑符号图

a) 引脚排列 b) 逻辑符号

ALE/$\overline{PROG}$（30 脚）：访问片外存储器时，ALE 作锁存扩展地址低位字节的控制信号（称允许锁存地址）。平时不访问片外存储器时，该端也以 1/6 的时钟振荡频率固定输出正脉冲，供定时或其他需要使用；在访问片外数据存储器时会丢失一个脉冲。ALE 端的负载驱动能力为 8 个 LSTTL（低功耗高速 TTL）。另外，在对 87C51 片内 EPROM 编程（固化）时，此引脚用于输入编程脉冲。

图 3-8 89C51 嵌入式处理器的外形

$\overline{PSEN}$（29 脚）：在访问片外程序存储器时，此端输出负脉冲作为存储器读选通信号。CPU 在向片外存储器取指令期间，$\overline{PSEN}$ 信号在 12 个时钟周期中两次生效。不过，在访问片外数据存储器时，这两次有效的 $\overline{PSEN}$ 信号不出现。$\overline{PSEN}$ 端同样可驱动 8 个 LSTTL 负载。根据 $\overline{PSEN}$、ALE 和 XTAL2 输出端是否有信号输出，可以判别 8051 是否在工作。

$\overline{EA}/U_{PP}$（31 脚）：当 $\overline{EA}$ 端输入高电平时，CPU 从片内程序存储器地址 0000H 单元开始执行程序。当地址超出 4KB 时，将自动执行片外程序存储器的程序。当 $\overline{EA}$ 输入低电平时，CPU 仅访问片外程序存储器。在对 8751EPROM 编程时，此引脚用于施加编程电压 U_{PP}。

（4）输入/输出引脚（P0、P1、P2 和 P3 端口引脚）

1）P0 口（32～39 脚）。8 位漏极开路型双向并行 I/O 口。在访问外部存储器时，P0 口作为低 8 位地址/数据总线复用口，通过分时操作，先传送低 8 位地址，利用 ALE 信号的下降沿将地址锁存，然后作为 8 位双向数据总线使用，用来传送 8 位数据。

在对片内 EPROM 编程时，P0 口接收指令代码；而在内部程序验证时，则输出指令代码，并要求外接上拉电阻。

外部不扩展而单片应用时，则作双向 I/O 口用，P0 口能以吸收电流的方式驱动 8 个 LSTTL 负载。

2）P1 口（1～8 脚）。具有内部上拉电阻的 8 位准双向 I/O 口。在片内 EPROM 编程及校验时，它接收低 8 位地址。P1 口能驱动 4 个 LSTTL 负载。

对 8032/8052，其中 P1.0 和 P1.1 还具有第二变异功能：P1.0（T2）为定时器/计数器 2 的外部事件脉冲输入端。P1.1（T2E$_X$）为定时器/计数器 2 的捕捉和重新装入触发脉冲输入端。

3）P2 口（21～28 脚）。8 位具有内部上拉电阻的准双向 I/O 口。在外接存储器时，P2 口作为高 8 位地址总线。在对片内 EPROM 编程、校验时，它接收高位地址。P2 口能驱动 4 个 LSTTL 负载。

4）P3 口（10～17 脚）。8 位带有内部上拉电阻的准双向 I/O 口。每一位又具有如下的特殊功能（或称第二功能）：

P3.0（RXD）：串行输入端。

P3.1（TXD）：串行输出端。

P3.2（$\overline{INT0}$）：外部中断 0 输入端，低电平有效。

P3.3（$\overline{INT1}$）：外部中断 1 输入端，低电平有效。

P3.4（T0）：定时/计数器 0 外部事件计数输入端。

P3.5（T1）：定时/计数器 1 外部事件计数输入端。

P3.6（$\overline{WR}$）：外部数据存储器写选通信号，低电平有效。

P3.7（$\overline{RD}$）：外部数据存储器读选通信号，低电平有效。

3.1.3 主流嵌入式处理器简介

1. 8 位嵌入式处理器

8 位嵌入式处理器是一种最简单、最基础的嵌入式处理器。早在 1980 年，Intel 公司推出了 MCS - 51 系列 8 位嵌入式处理器，它采用 CISC 指令集，其指令相当全面，使编程非常灵活和方便。随后 Atmel 公司生产的 AT89C51 嵌入式处理器因为内置了 Flash 存储器及其他性能的改进加上低廉的价格，曾一度成为国内 MCS - 51 嵌入式处理器的代名词。现在，AT89C51 已经停产，因为 Atmel 公司用 AT89S51 全面代替它。AT89S51 是 AT89C51 的升级产品，性能上较 AT89C51 有很大提升，在价格上却与 AT89C51 差不多，甚至更低。

同时，Philips（飞利浦）、Atmel 等公司还在 MCS - 51 内核的基础上，面向不同的应用，进行多项技术改进（增加 ISP 功能、提高时钟频率、加大片内存储器、增强 I/O 口功能、集成 A－D 转换器等部件、增加高速接口和多种总线控制器等），生产了大量的 MCS－51 系列兼容芯片。

但由于 MCS－51 内核 MCU 芯片技术较落后，内嵌外设种类少、功能单一，性价比不高，销量已呈逐年下降趋势，部分 MCS－51 兼容芯片生产商甚至声明不再提供 MCS－51 技术支持。近几年 ST（意法半导体）公司推出了 STM8 系列 8 位嵌入式处理器，包括 STM8S（标准系列）、STM8L（低压低功耗系列）、STM8A（汽车专用系列）3 个子系列。该系列 MCU 芯片内嵌外设种类多、功能完善，价格低廉，具有很高的性价比。它采用 0.13μm 工艺、CISC 指令系统，是目前 8 位嵌入式处理器市场上的主流品种之一。其主要特点是功耗低、集成的外设种类多，且与 ST 公司生产的 ARMCortex－M3 内核的 STM32 芯片兼容，内嵌单线仿真接口电路（开发设备简单）、可靠性高、价格低廉。此外，该系列芯片加密功能完善，被破解的风险小，在工业控制、智能化仪器仪表、家用电器等领域具有广泛的应用前景，是中低价位控制系统的首选芯片之一。

STM8S 系列 MCU 由一个基于 STM8 内核的 8 位中央处理器、存储器（包括了 Flash ROM、RAM、E²PROM）以及常用外设电路（如复位电路、振荡电路、高级定时器 TIM1、通用定时器 TIM2 及 TIM3、看门狗计数器、中断控制器、UART、SPI、多通道 10 位 ADC 转换器）等部件组成。STM8S2×× MCU 的内部结构如图 3-9 所示，其外形如图 3-10 所示。

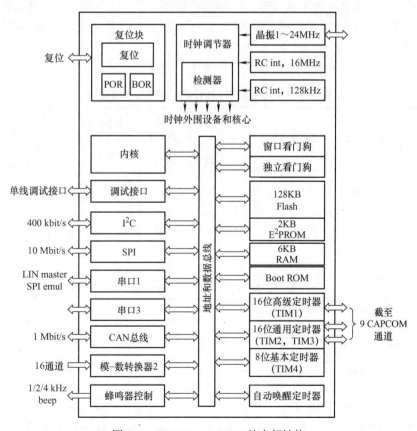

图 3-9　STM8S2×× MCU 的内部结构

图 3-10　STM8S2×× MCU 的外形

a）STM8S207　b）STM8S208

　　将不同种类、容量的存储器与 MCU 内核（即 CPU）集成在同一个芯片内是嵌入式处理器芯片的主要特征之一。STM8S 系列 MCU 芯片内部集成了不同容量的 Flash ROM（4~128 KB）、RAM（1~6KB），此外，还集成了容量为 640B~2KB 的 E^2PROM。

　　将一些基本的、常用的外围电路，如振荡器、定时/计数器、串行通信接口电路、中断控制器、I/O 接口电路，与 MCU 内核集成在同一个芯片内是嵌入式处理器芯片的又一个特征。STM8S 系列 MCU 芯片外设种类繁多，包括了定时/计数器、片内振荡器及时钟电路、复位电路、串行通信接口电路、模-数转换电路等。

　　由于定时/计数器、串行通信、中断控制器等外围电路集成在 MCU 芯片内，因此 STM8S 系列 MCU 芯片内部也就包含了这些外围电路的控制寄存器、状态寄存器以及数据输入/输出寄存器。外设电路接口寄存器构成了 STM8S 系列 MCU 芯片数目庞大的外设寄存器（外设寄存器数量与芯片所属子系列、封装引脚数量等有关）。

　　STM8S 系列 MCU 芯片的主要性能指标如表 3-1 所示。

表 3-1　STM8S 系列 MCU 芯片的主要性能指标

型　　号	Flash ROM	RAM	E^2PROM	定时器个数（IC/OC/PWM）		ADC（10 位）通道	I/O	串行口
				16 位	8 位			
STM8S208××	128KB	6KB	2KB	3	1	16	52~68	CAN，SPI，2×UART，I^2C
STM8S207××	32~128KB	2~6KB	1~2KB	3	1	7~16	25~68	SPI，2×UART，I^2C
STM8S105××	16~32KB	2KB	1KB	3	1	10	25~38	SPI，UART，I^2C
STM8S103××	2~8KB	1KB	640B	2	1	4	16~28	SPI，UART，I^2C
STM8S903××	8KB	1KB	640B	2	1	7	28	SPI，UART，I^2C
STM8S003××	8KB	1KB	128B	2	1	5	16~28	SPI，UART，I^2C
STM8S005××	32KB	2KB	128B	3	1	10	25~38	SPI，UART，I^2C
STM8S007××	64KB	6KB	128B	3	1	7~16	25~28	SPI，UART，I^2C

　　不同型号的 STM8S 系列 MCU，采用 LQFP - 80、LQFP - 64、LQFP - 48、LQFP - 44、LQFP - 32 和 TSSOP20 等多种封装形式，其中 STM8S 系列 MCU LQFP - 80 封装的引脚功能如图 3-11 所示，其他封装的引脚功能可参阅相应型号的说明书。

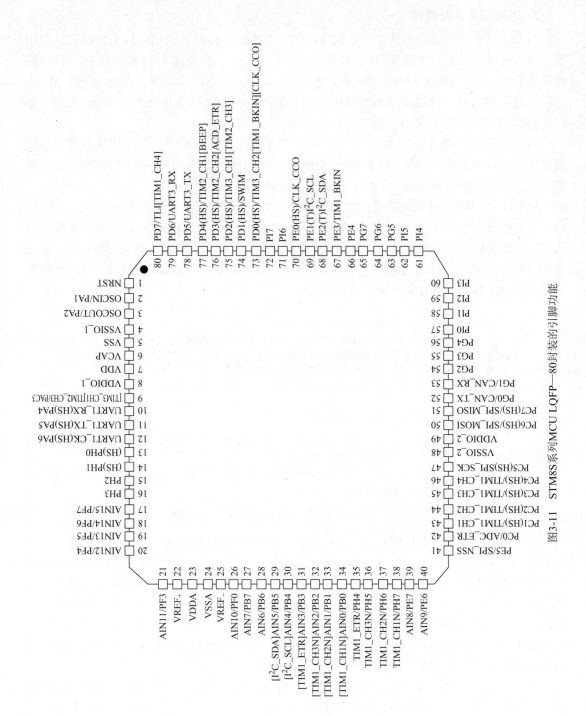

图3-11 STM8S系列MCU LQFP—80封装的引脚功能

2. 16 位嵌入式处理器

16 位嵌入式处理器操作速度及数据吞吐能力等性能指标比 8 位机有较大的提高，但市场占有率远没有 8 位、32 位 MCU 芯片高，生产厂家也少，目前主要有 RENESAS（日本瑞萨科技）的 H8S、H8SX、R8C、MCl6C 系列，Freescale 的 S12、S12X、HCl6 系列，Microchip 公司的 PIC24F、PIC24H、dsPIC30F、dsPIC33D 系列，Infineon 的 C166/XCl66 系列，TI（德州仪器）的 MSP430 系列，凌阳科技的 SPMC75 系列。

16 位嵌入式处理器主要应用于工业控制、汽车电子、医疗电子、智能化仪器仪表和便携式电子设备等领域。其中，TI 公司的 MSP430 系列以其超低功耗的特性广泛应用于低功耗场合。下面主要介绍 MSP430 系列 16 位嵌入式处理器。

MSP430 系列嵌入式处理器是美国德州仪器（TI）公司 1996 年开始推向市场的一种 16 位、具有精简指令集（RISC）、超低功耗的混合信号处理器，它将模拟电路、数字电路和嵌入式处理器集成在芯片的内部，只要配置少量的外围器件，就可满足一般应用的要求。经过了几十年的发展，TI 公司已拥有超过 400 多种的 MSP430 嵌入式处理器的芯片，MSP430 系列嵌入式处理器型号命名规则如图 3-12 所示。

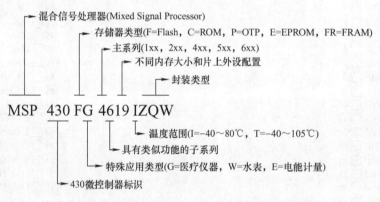

图 3-12　MSP430 系列嵌入式处理器型号命名规则

MSP430 嵌入式处理器中还有一些针对特殊应用而设计的专用嵌入式处理器，如 MSP430FG4××系列嵌入式处理器为医疗仪器专用嵌入式处理器、MSP430FW4××系列嵌入式处理器为水表专用嵌入式处理器、SP430FE4××系列嵌入式处理器为电能计量专用嵌入式处理器等。这些专用嵌入式处理器都是在同系列通用嵌入式处理器上增加专用模块而形成的。例如，MSP430FG4××系列在 F4××系列上增加了 OPAMP 可编程放大器。SP430FW4××系列在 F4××系列上增加了 SCAN - IF 无磁流量检测模块。MSP430FE4××系列在 F4××系列上增加了 E - Meter 电能计量模块。

中央处理器（CPU）是嵌入式处理器的核心部件，其性能直接关系到嵌入式处理器的处理能力。MSP430 嵌入式处理器的 CPU 采用 16 位精简指令系统，集成了多个 20 位的寄存器（除状态寄存器为 16 位外，其余寄存器均为 20 位）和常数发生器，能够发挥代码的最高效率。MSP430 嵌入式处理器的存储空间采用冯·诺依曼结构，物理上完全分离的存储区域被安排在同一地址空间。这种存储器组织方式和 CPU 采用的精简指令系统相互配合，使得对片上外设的访问不需要单独的指令，为软件的开发和调试提供了便利。MSP430F5529 型嵌入式处理器内部结构框图如图 3-13 所示，MSP430F5529 型嵌入式处理器的外形如图 3-14 所示。

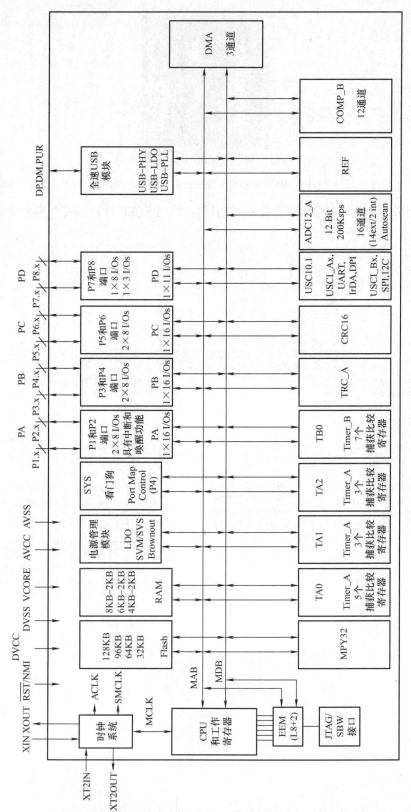

图3-13 MSP430F5529型嵌入式处理器内部结构框图

图 3-14　MSP430F5529 型嵌入式处理器的外形

MSP430F5529 型嵌入式处理器具有 80 个引脚，采用 LQFP 封装，其引脚分布如图 3-15 所示。

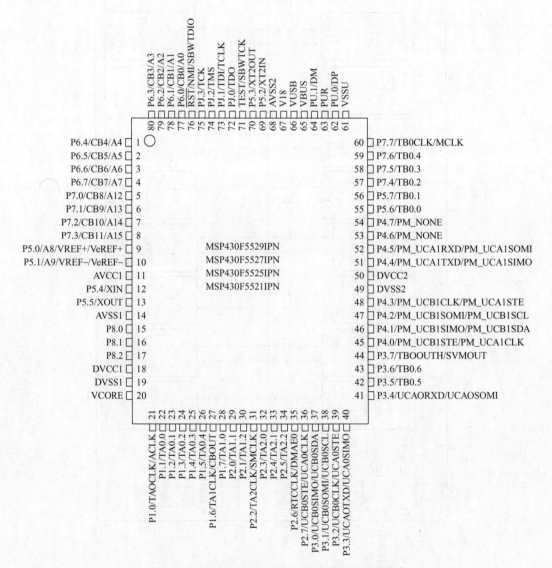

图 3-15　MSP430F5529 型嵌入式处理器的引脚分布

3. 32 位嵌入式处理器

由于 8 位、16 位嵌入式处理器数据吞吐率有限，因此在语音、图像、工业机器人、Internet 以及无线数字传输技术需求的驱动下，开发、使用 32 位嵌入式处理器芯片就成了一种必然趋势。目前以 ARM 内核 32 位 MCU、RENESAS 的 M32C 与 R32C 内核的 32 位 MCU、Microchip 的 PIC32M 系列、Freescale ColdFire 内核的 MCF5×××系列 32 位 MCU 应用较为广泛，产量也较大。

ARM（Advanced RIS CMachines）是嵌入式处理器行业的一家知名企业，但它本身并不生产芯片，而是通过转让设计的方式由合作伙伴来生产各具特色的芯片。ARM 公司设计了大量高性能、廉价、耗能低的 RISC（精简指令）处理器、相关产品及软件。目前，包括 Intel、IBM、SAMSUNG、OKI、LG、NEC、SONY 和 NXP 等公司在内的 30 多家半导体公司与 ARM 签订了硬件技术使用许可协议。

ARM 处理器有 6 个系列（ARM7、ARM9、ARM9E、ARM10、ARM11 和 SecurCore）的数十种型号。其中，ARM7、ARM9、ARM9E、ARM10 是 4 个通用处理器系列，每个系列提供一套特定的性能来满足设计者对功耗、性能、体积的需求。SecurCore 是第 5 个产品系列，专门为安全设备设计。

ARM 已成为移动通信、手持计算器、多媒体数字消费等嵌入式产品解决方案的 RISC 标准，广泛应用在信息电器，如掌上式计算机、个人数字助理（PDA）、可视电话、移动电话、TV 机顶盒、数字照像机等嵌入式产品中。

STM32 系列 ARM 处理器是为满足高性能、低成本、低功耗的嵌入式应用的需求而专门设计的 ARM Cortex－M0/M3/M4 内核。按内核架构分为不同的产品，其典型产品有 STM32F101 "基本型" 系列、STM32F103 "增强型" 系列和 STM32F105、STM32F107 "互连型" 系列。该处理器是由意法半导体公司（简称为 ST 公司）设计制造的。STM32F103 系列的外形如图 3-16 所示。

a)   b)

图 3-16 STM32F103 系列的外形

a）LQFP－64 封装 b）LQFP－100 封装

不同型号的 STM32 系列采用 LQFP－144、LQFP－100、LQFP－64、LQFP－48、LQFP－36、W5200 等多种封装形式，其中 LQFP－100、LQFP－64 封装的引脚功能如图 3-17 和图 3-18 所示，其他封装的引脚功能可参阅相应型号的说明书。

STM32L 系列产品基于超低功耗的 ARMCortex－M3 处理器内核，采用意法半导体独有的两大节能技术——130nm 专用低泄漏电流制造工艺和优化的节能架构，提供业界领先的节能性能。该系列属于意法半导体阵容强大的 32 位 STM32 微控制器产品家族。该产品家族共有 180 余款产品，全系列产品共用大部分引脚、软件和外设，优异的兼容性为开发人员带来最大的设计灵活性。

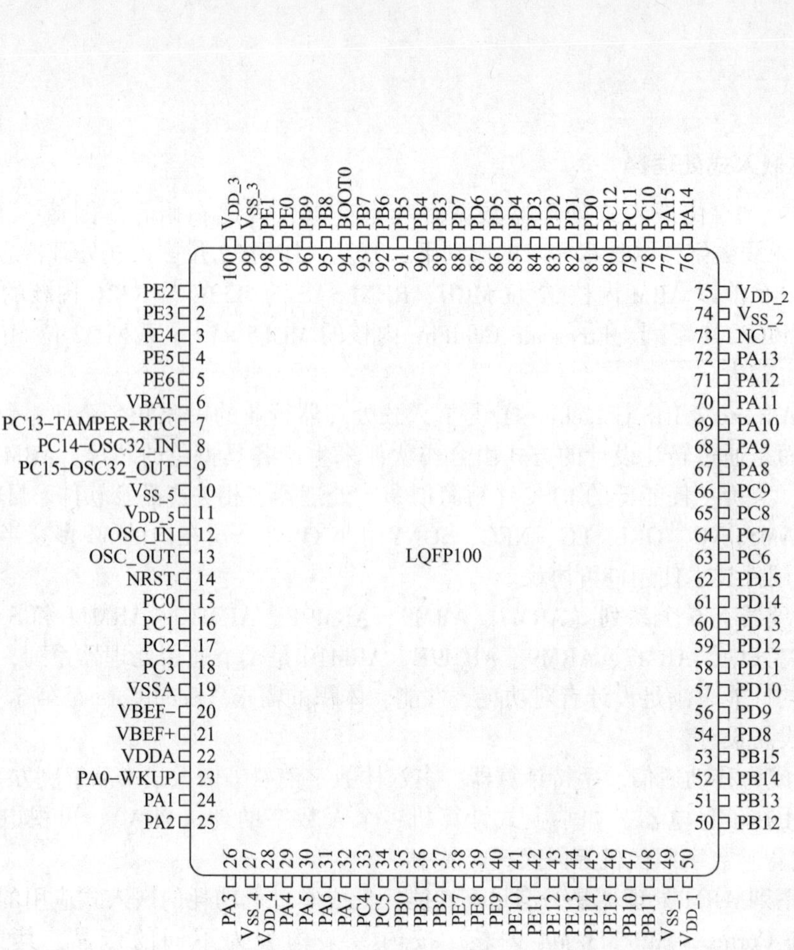

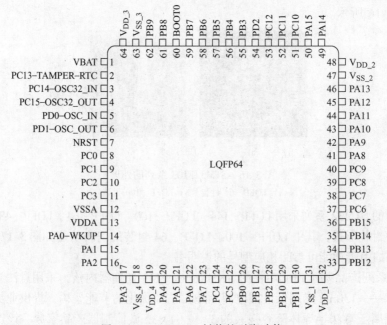

图 3-17　LQFP-100 封装的引脚功能

图 3-18　LQFP-64 封装的引脚功能

STM32L 系列新增低功耗运行和低功耗睡眠两个低功耗模式，通过利用超低功耗的稳压器和振荡器，微控制器可大幅度降低低频下的工作功耗。稳压器不依赖电源电压即可满足电流要求。STM32L 还提供动态电压升降功能，这是一项成功应用多年的节能技术，可进一步降低芯片在中低频下运行时的内部工作电压。在正常运行模式下，闪存的电流消耗最低为 230μA/MHz，STM32L 的功耗/性能比最低为 185μA – DMIPS。此外，STM32L 电路的设计目的是以低电压实现高性能，有效延长电池供电设备的充电间隔。片上模拟功能的最低工作电源电压为 1.8V。数字功能的最低工作电源电压为 1.65V。在电池电压降低时，可以延长电池供电设备的工作时间。

增强型系列时钟频率可达到 72MHz，是同类产品中性能最高的；基本型时钟频率为 36MHz，以 16 位产品的价格得到比 16 位产品大幅提升的性能，是 32 位产品用户的最佳选择。两个系列都内置 32～128KB 的闪存，不同之处是 SRAM 的最大容量和外设接口的组合各异。时钟频率为 72MHz 时，从闪存执行代码，STM32 功耗为 36mA，是 32 位市场上功耗最低的产品，相当于 0.5mA/MHz。

STM32 系列 ARM 处理器的命名由 9 段信息组成。其命名规则如图 3-19 所示。

STM32F103xC/D/E 的内部结构如图 3-20 所示。

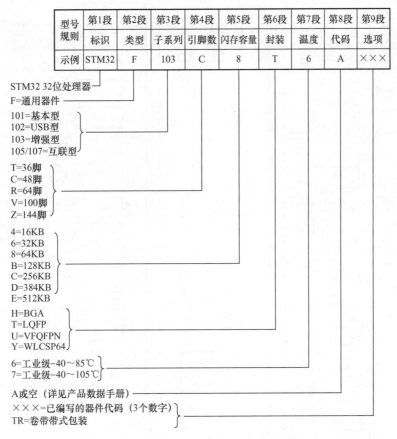

图 3-19　STM32 系列 ARM 处理器的命名规则

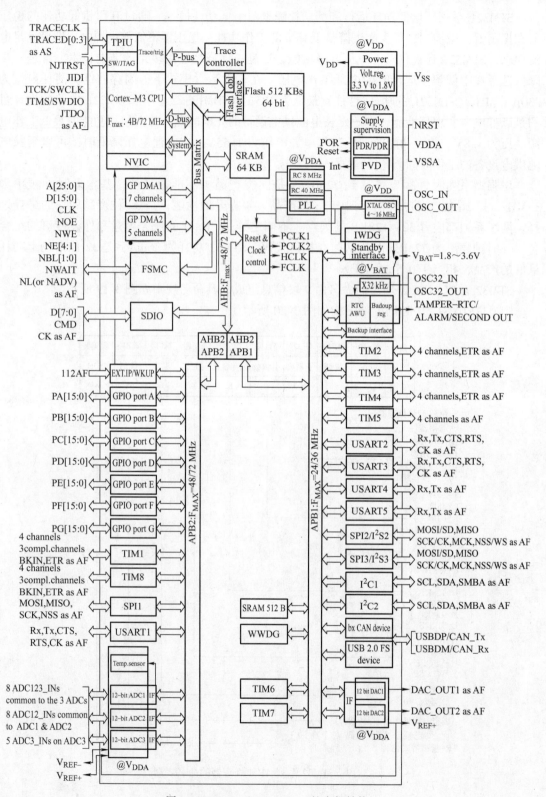

图 3-20　STM32F103xC/D/E 的内部结构

由图 3-20 可知，STM32F103xC/D/E 的内部结构主要有以下一些功能模块：Cortex－M3 处理器、M3 内核的 ICode 总线（I－bus）、DCode 总线（D－bus）、系统总线（S－bus）、直接内存访问（DMA：7 通道 DMAl、5 通道 DMA2、以太网 DMA）、内部静态随机存储器（SRAM）、内部闪存（Flash）、静态存储器控制器（FSMC）、AHB 到 APB 桥（两个 AHB/APB 桥在 AHB 和两个 APB 总线间提供同步连接，APBl 速度限于 36MHz，APB2 全速最高 72MHz）、电源控制（Power）、安全数字输入输出端口（SDIO）、通用输入输出端口（GPIO）、通用同步异步收发器（USART）、通用非同步收发传输器（UART）、复位和时钟控制（RCC）、独立看门狗（IWDG）、窗口看门狗（WWDG）、实时时钟（RTC）、高级控制定时器（TIM1 和 TIM8）、基本定时器（TIM6 和 TIM7）、通用定时器（TIMx）、串行外设接口（SPI）、模拟-数字转换器（ADC）、数字-模拟转换器（DAC）、USB 全速设备接口（USB）、芯片间总线接口（I^2C）、以太网（ETH）、控制器局域网（bxCAN）。读者如需详细了解 STM32F10 系列芯片，可在网上下载意法半导体（中国）投资有限公司翻译 STM32F10xxx 参考手册。

3.1.4 嵌入式处理器的选型指南

目前，市场上的嵌入式处理器芯片种类繁多，每个厂商的产品又各具特色，如何从众多的嵌入式处理器芯片产品中选择能够满足具体应用系统需求的芯片，是摆在智能硬件开发者面前的一个问题。只有选定了嵌入式处理器，才可以进行能硬件设计。选择合适的嵌入式处理器可以节省开发成本、保证产品性能、加快开发速度。

嵌入式处理器的选型应该遵循以下总体原则：以性价比选择为第一位，满足功能和性能要求（包括可靠性）的前提下，价格越低越好。

1. 性能

熟悉嵌入式处理器型号的命名规则，选择内部功能模块最接近智能硬件需求，并且略有余量的品牌及型号。

2. 价格

成本是智能硬件设计的一个关键要素，在满足需求的前提下宜选择价格便宜的嵌入式处理器。

3. 功能性参数

功能性参数即满足系统功能要求的参数，包括内核类型、处理速度、片上 Flash 及 SRAM 容量、片上集成 GPIO、内置外设接口、通信接口、操作系统支持、开发工具支持、调试接口、行业用途等。

任何一款基于嵌入式处理器的芯片都是以某个内核为基础设计的，因此都是以内核的基本性能参数及基本功能为依据，这些基本功能决定了所设计的嵌入式处理器的最终性能。

4. 非功能性参数

所谓非功能性参数是指为满足用户业务需求而必须具有且除功能需求以外的特性。非功能性需求包括系统的性能、可靠性、可维护性、可扩充性和对技术/业务的适应性等。

5. 特殊要求的微处理器

为了保障嵌入式系统能够长期、稳定、可靠地工作，还要考虑特殊要求的微处理器。

1）工作电压要求。不同的微处理器，其工作电压是不相同的，常用微处理器的工作电压有5V、3.3V、3.5V和1.8V等不同电压等级。也有些微处理器对电压范围要求很宽，宽电压工作范围如果在1.8~3.6V均能正常工作，那么可以选择3.3V的电源供电。因为3.3V和5V的外围器件可以直接连接到微控制器的引脚上，无须电平的匹配电路。

2）工作温度要求。工作环境尤其是温度范围，不同地区的环境温度差别非常大，应用于恶劣环境下尤其要特别关注微处理器的适应温度范围，比如有些微处理器只适于在0~45℃工作，有的适于-40~85℃，有的适于-40~105℃，也有些适于-40~125℃，因此在价格差别不大的前提下，选择宽温度范围的微处理器可以满足更宽范围的温度要求。

3）体积及封装形式。对于某些场合，受局部空间的限制，必须考虑体积大小的问题。对于微处理器来说，实际上跟封装有关系。封装形式与线路板制作、整体体积要求有关。在初次实验阶段或初学阶段，如果有双列直插式（DIP）封装的，则选用DIP封装，这样便于拔插和更换，也便于调试和调整线路。在成型之后，尽量选择贴片封装的微处理器，这样一方面可靠性高，另一方面可以节约PCB面积以降低成本。

嵌入式微处理器一般有QFP、TQFP、PQFP、LQFP、BGA、LBGA等几种贴片封装。其中BGA封装具有芯片面积小的特点，可以减小PCB的面积，但需要专用的焊接工具，无法手工焊接。

4）优先选用典型、成熟的主流嵌入式处理器系列，以其中比较熟悉的型号为切入点。

5）芯片内是否有Flash存储器，以便程序的多次修改，最好支持ISP下载功能。

6）相应的开发工具是否成熟、开发成本是否较低。

3.2 传感器

在智慧家庭或智能电器中，传感器就相当于人的五官，它能将被感受或响应规定的光、热、声、压力等物理量，并按一定规律转换成可供测量的电信号。将传感器输出的电信号送入嵌入式微控制器，便可进行智能监测或控制。

3.2.1 传感器的定义与作用

1. 定义

国家标准GB7663-87对传感器下的定义是："能感受规定的被测量件并按照一定的规律（数学函数法则）转换成可用信号的器件或装置，通常由敏感元件和转换元件组成。"

传感器是一种检测装置，能感受到被测量的信息，并能将检测感受到的信息，按一定规律变换成为电信号或其他所需形式的信息输出，以满足信息的传输、处理、存储、显示、记录和控制等要求。它是实现自动检测和自动控制的首要环节。

2. 作用

在各种智能控制系统中，传感器的作用与人的五官很相似，但感觉灵敏度和范围却远远超过人的感官，人体系统与控制系统对比如图3-21所示。

传感器是利用热电效应、光电效应、压电效应、电磁感应和霍尔效应等多种物理或化学现象，将被测物理量转换成便于测量和处理的电信号，再利用单片机或其他电子电路对其进行控制、测量和处理。

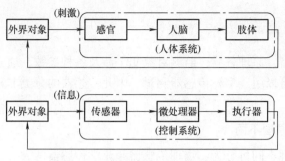

图 3-21　人体系统与控制系统对比

3.2.2　传感器的组成

传感器是一种以一定的精确度把被测量转换为与之有确定对应关系的、便于应用的某种物理量的测量装置。传感器一般由敏感元件、转换元件两部分组成。但由于敏感元件或转换元件的输出信号一般比较微弱，需要相应的转换电路将其变为易传输、转换、处理和显示的物理量。另外，除能量转换型传感器外，还需要加辅助电源提供必要的能量。随着集成技术在传感器的应用，敏感元件、转换元件、转换电路和辅助电源常集成在一块芯片上。传感器的组成框图如图 3-22 所示。

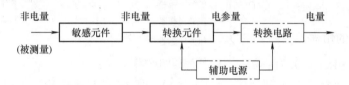

图 3-22　传感器的组成框图

1. 敏感元件

敏感元件是能够灵敏地感受被测量并输出与之有确定关系的另一个物理量。传感器的工作原理一般由敏感元件的工作原理决定。如金属或半导体应变片，能感受压力的大小而引起形变，形变程度就是对压力大小的响应，所以金属或者半导体应变片是一种压力敏感元件；铂电阻能感受温度的升降而改变其阻值，阻值的变化就是对温度升降的响应，所以铂电阻就是一种温度敏感元件。

2. 转换元件

转换元件指传感器中能将敏感元件的输出转换为适于传输和测量的电信号部分，一般传感器的转换元件是需要辅助电源的。但有些传感器的敏感元件与转换元件是合并在一起的，如热电偶是一种感温元件，可以测量温度，被测温度源的温度变化可以由热电偶直接转换成热电势输出。转换元件又可以细分为电转换元件和光转换元件。

3. 转换电路

被测物理量通过信号检测传感器后转换为电参数或电量，其中电阻、电感、电容、电荷和频率等还需要进一步转换为电压或电流。通常情况下，电压、电流还需要放大。这些功能都是有转换电路实现的。因此，转换电路是信号检测传感器与测量记录仪表和计算机之间的重要桥梁。

3.2.3 传感器的分类

传感器的品种丰富、原理各异，监测对象几乎涉及各种参数，通常一种传感器可以检测多种参数，一种参数可以用于多种传感器测量。因此传感器的分类非常多，以下是几种常见的分类方法。

1. 按传感器工作原理不同

按传感器工作原理不同可分为：物理传感器和化学传感器两大类，但大多数的传感器是以物理原理为基础运作的，传感器分类示意图如图3-23所示。

物理传感器应用在物理效应方面，如压电效应，磁致伸缩现象，离化、极化、热电、光电、磁电等效应，只要被测信号有量的微小变化都能将其转换成电信号。

化学传感器包括那些以化学吸附、电化学反应等现象为因果关系的传感器，也能将被测信号量的微小变化转换成电信号的变化。

2. 按传感器的用途

按传感器的用途分类有：温度传感器、湿度传感器、光敏传感器、超声波传感器、位置传感

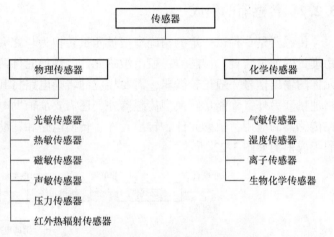

图3-23　传感器分类示意图

器、液面传感器、能耗传感器、速度传感器、热敏传感器、加速度传感器、射线辐射传感器、振动传感器、磁敏传感器、气敏传感器及生物化学传感器等。

3. 按传感器的输出信号

按传感器的输出信号不同，可将传感器分为：模拟传感器、数字传感器、开关传感器等。模拟传感器是将被测量的非电学量转换成模拟电信号；数字传感器是将被测量的非电学量转换成数字输出信号（包括直接和间接转换）；开关传感器是当一个被测量的信号达到某个特定的阈值时，传感器相应地输出一个设定的低电平或高电平信号。

4. 按传感器制造工艺

按传感器的制造工艺可分为：集成传感器、薄膜传感器、厚膜传感器和陶瓷传感器。集成传感器是用标准的生产硅基半导体集成电路的工艺技术制造的；薄膜传感器则是通过沉积在介质衬底（基板）上的敏感材料薄膜形成的。使用混合工艺时，可将部分电路制造在此基板上；厚膜传感器是利用相应材料的浆料，涂覆在陶瓷基片上制成的，然后进行热处理，使厚膜成形；陶瓷传感器则是采用标准的陶瓷工艺或某特种工艺（溶胶—凝胶等）生产。厚膜和陶瓷传感器这两种工艺之间有许多共同特性，在某些方面，可以认为厚膜工艺是陶瓷工艺的一种变形。

3.2.4 传感器的一般特性

传感器的特性是指传感器的输入量和输出量之间的对应关系。通常以静态特性和动态特性分别进行描述。

传感器的特性受到内部因素（如机械性能、电子器件非线性、内部噪声）和外部因素（如电磁干扰、振动冲击、环境条件、电源供电）等影响而呈现非理想特性。一般通过各种性能指标来对其进行规范描述，供使用者根据需求进行选择。

1. 静态特性

传感器的静态特性是指输入不随时间而变化时表现出的特性，它表示传感器输入量处于稳定状态下输入、输出的关系。

传感器静态特性的主要指标有线性度、灵敏度、重复性、迟滞、分辨率、漂移和稳定性等。

2. 动态特性

传感器的动态特性是指输入随时间而变化时表现出的特性，它表示传感器对随时间变化的输入量的响应特性。

很多传感器要在动态条件下检测，被测量可能以各种形式随时间变化。只要输入量是时间的函数，则其输出量也将是时间的函数，两者关系要用动态特性来说明。使用传感器时要根据其动态特性与使用条件确定合适的使用方法，同时对给定条件下的传感器动态误差做出估计。传感器的动态特性取决于传感器本身，同时也与被测量的形式有关。

3.2.5 智能家居常用的传感器简介

纳乐智能家居采用的传感器均使用 ZigBee 2.4GHz 通信协议，将数据实时传回智能家居控制网关，进行情景联动或是触发报警。同时针对目前智能家居市场中大部分的传感器存在的一些痛点，纳乐进行了全面的改进并且新一代传感器系列拥有体积小、精度高、低功耗等特点。同时在兼顾了实用性的同时纳乐通过出色的工业设计将每一个传感器都能化身工艺品。

1. 温、湿度一体化传感器

温、湿度一体传感器是指能将温度量和湿度量转换成容易被测量处理的电信号的设备或装置。市场上的温湿度一体传感器一般是测量温度量和相对湿度量。并且纳乐选用 TI 的高精度温湿度传感器保证上传数据的稳定与可靠。智能家居中的无线温湿度传感器可以实时回传不同房间内的温湿度值。然后根据需求来打开或关闭各类电器设备，如空调、加湿器。温湿度一体传感器和智能家居主机配合工作，实现远程网络监控居室内温湿度值，甚至可以将温湿度参数进行无线联动智能控制，比如某个房间温度太高了，将空调开至制冷模式实现降温的自动化控制，纳乐温、湿度一体传感器的外形如图 3-24 所示。

纳乐温、湿度一体传感器的技术参数如下。

图 3-24　纳乐温、湿度一体传感器的外形

1）工作频率：2.4GHz。

2）充电电压：5V，≥150mA。

3）待机时间：≥4 个月。

4）外形尺寸：35mm×35mm×13mm。

2. 人体红外探测器

人体都有恒定的体温，一般在 37℃，所以会发出 10μm 左右的特定波长红外线。人体红外探测器就是靠探测人体发射的 10μm 左右红外线而进行工作的。探测器收集人体发射的 10μm 左右的红外线通过菲涅尔透镜聚集到红外感应源上。红外传感器通常采用热释电元件，这种元件在接收了红外辐射温度发出变化时就会向外释放电荷，检测处理后产生报警。

这种探测器是以探测人体辐射为目标的。所以辐射敏感元件对波长为 10μm 左右的红外辐射必须非常敏感。为了对人体的红外辐射敏感，在它的辐射照面通常覆盖有特殊的滤光片，使环境的干扰受到明显的控制作用。人体红外探测器，其传感器包含两个互相串联或并联的热释电元件。而且制成的两个电极化方向正好相反，环境背景辐射对两个热释电元件几乎具有相同的作用，使其产生释电效应相互抵销，于是探测器无信号输出。一旦有人进入探测区域内，人体红外辐射通过菲涅尔透镜而聚焦，从而被热释电元件接收，但是两片热释电元件接收到的热量不同，热释电也不同，不能抵销，经信号处理而报警。

纳乐人体红外探测器的技术参数如下。

1）工作频率：2.4GHz。

2）充电电压：5V，≥150mA。

3）待机时间：≥6 个月。

4）外形尺寸：42.5mm×32.5mm×39mm。

纳乐人体红外探测器的外形如图 3-25 所示。

图 3-25 纳乐人体红外探测器的外形

3. 烟雾传感器

烟雾传感器是一种检测特定气体的传感器。它主要包括半导体气敏传感器、接触燃烧式气敏传感器和电化学气敏传感器等，其中用得最多的是半导体气敏传感器。它的应用主要有：一氧化碳气体的检测、瓦斯气体的检测、煤气的检测、氟利昂（R11、R12）的检测、呼气中乙醇的检测、人体口腔口臭的检测等。它将气体种类及其与浓度有关的信息转换成电信号，根据这些电信号的强弱就可以获得与待测气体在环境中的存在情况有关的信息，从而可以进行检测、监控、报警；还可以通过接口电路与计算机组成自动检测、控制和报警系统。

纳乐烟雾传感器的技术参数如下。

1）工作电压：DC 5V。

2）平均功耗：<1.5W。

3）报警声压：75dB（1.5m 处）。

4）报警浓度：6% LEL ±3% LEL（天然气）。

5）联网方式：ZigBee 自组网。

6）无线组网距离：≤100m（空旷环境）。

7）工作环境：温度（-10~50℃），湿度（最大95%RH）。

8）外形尺寸：100mm×100mm×32mm。

纳乐烟雾传感器的外形如图3-26所示。

图3-26 纳乐烟雾传感器的外形

4. 无线漏水传感器

无线漏水传感器利用液体导电原理，用电极探测是否有水存在，再用传感器转换成干接点输出。当探头浸水高度约1mm时，即发出报警信号，纳乐无线漏水传感器的外形如图3-27所示。在普通家庭中，该产品可以放置在厨房或卫生间特定位置，监测用水量较大区域的渗水、漏水情况，用于节约水资源以及避免渗水、漏水可能带来的危险；在工业中，这款产品可以放置在机房、图书馆或者水管道附近，监测是否有渗水、漏水情况的发生。

图3-27 纳乐无线漏水传感器的外形

另外，无线漏水传感器能够联动智能家居系统的其他设备，对监测的渗水、漏水进行自行处理，如能及时关闭自来水阀门等。还可以放置在窗台用于监测是否下雨，通过报警的形式提醒用户关窗，或者通过联动的窗磁、开窗器，自动进行关窗处理。

纳乐无线漏水传感器的主要技术参数如下。

1）工作电压：DC 3V。

2）联网方式：IEEE802.15.4（ZigBee）。

3）无线组网距离：≤100m（空旷环境）。

4）待机电流：≤10μA。

5）报警电流：≤30mA。

6）工作环境：温度（-10~50℃），湿度（最大95%RH）。

7）外形尺寸：50mm×50mm×17mm。

5. 空气质量传感器

近年来，室内的空气污染给人们的健康带来了很大的伤害。随着社会的发展，人们生活水平的提高，新房装修与旧房改建也越来越多，与此同时带来了各种各样的室内环境污染。

有的甚至已致使室内空气污染高出室外空气污染的数倍，使许多人产生了健康问题。

空气质量传感器的作用就是检测家居中室内的氨气、硫化物、甲醛等空气污染气体的浓度以及 PM2.5 的含量。空气传感器内部对角安放着红外线发光二极管和光电晶体管，他们的光轴相交，当带灰尘的气流通过光轴相交的交叉区域，粉尘对红外光反射，反射的光强与灰尘浓度成正比。光电晶体管使得其能够探测到空气中尘埃反射光，即使非常细小的如烟草烟雾颗粒也能够被检测到，红外发光二极管发射出光线遇到粉尘产生反射光，接收传感器检测到反射光的光强，输出信号，根据输出信号光强的大小判断粉尘的浓度，通过输出两个不同的脉宽调制信号（PWM）区分不同灰尘颗粒物的浓度，同时拥有甲醛检测的功能它是利用一些金属氧化物半导体材料，在一定温度下，电导率随着环境气体成分的变化而变化的原理制造的。纳乐空气质量传感器的外形如图 3-28 所示。

纳乐空气质量传感器的主要技术参数如下。

1）工作电压：DC 5V。

2）联网方式：IEEE802.11b/g/n。

3）PM2.5 检测 0 ~ 999μg/m³。

4）检测温度：-9 ~ 60℃。

5）检测湿度：0 ~ 99% RH。

6）检测误差：±10%。

图 3-28　纳乐空气质量传感器的外形

7）工作环境：温度（-20 ~ 60℃）；湿度（≤99%）。

8）电池容量：1800mAh。

9）外形尺寸：80mm × 80mm × 40mm。

6. 无线门磁探测器

无线门磁探测器是一种在智能家居中安全防范及智能门窗控制中经常使用的无线电子设备，它自身并不能发出报警声音，只能发送某种编码的报警信号给控制主机，控制主机接收到报警信号后，与控制主机相连的报警器才能发出报警声音。无线门磁探测器工作很可靠、体积小巧，尤其是通过无线的方式工作，使得安装和使用非常方便、灵活。

无线门磁探测器的面板正面右侧有两只 LED 指示灯，当上方的 LED 灯快速闪烁一下时，门磁发送报警信号给控制主机，背面用合适硬物轻顶即可取下底壳，可用于固定无线门磁探测器。

无线门磁探测器是用来探测门、窗、抽屉等是否被非法打开或移动，它是由无线发射模块和磁块两部分组成，在无线发射模块有两个箭头处有一个"钢簧管"的元器件，当磁体与钢簧管的距离保持在 1.5cm 内时，钢簧管处于断开状态，一旦磁体与钢簧管分离的距离超过 1.5cm 时，钢簧管就会闭合，造成短路，报警指示灯亮的同时向控制主机发射报警信号。控制主机收到报警信号后会采取相关措施。

无线门磁探测器采用进口磁感应器件，探测距离远、灵敏度高，性能稳定可靠，抗干扰能力强，体积小巧，安装简单，可与多款主机配合使用。纳乐无线门磁探测器的外形如图 3-29 所示。

纳乐无线门磁探测器的技术参数如下。

1）无线发射模块外形尺寸：40mm × 26.5mm × 12.5mm。

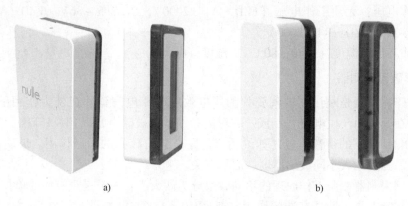

图 3-29　纳乐无线门磁探测器的外形

a）无线发射模块　b）磁块

2）磁块外形尺寸：25mm×10mm×9mm。

3）工作频率：2.4GHz±1MHz。

4）调制方式：高斯频移键控（GFSK）。

5）充电电压：DC 5V ≥150mA。

6）待机时间：≥6 个月。

7. 太阳总辐射传感器

太阳总辐射传感器是根据热电效应原理，感应元件采用绕线电镀式多接点热电堆，其表面涂有高吸收率的黑色涂层。热接点在感应面上，而冷结点则位于机体内，冷热接点产生温差电势。在线性范围内，输出信号与太阳辐照度成正比。为减小温度的影响则配有温度补偿线路，为了防止环境对其性能的影响，则用两层石英玻璃罩，罩是经过精密的光学冷加工磨制而成的。双层玻璃罩是为了减少空气对流对辐射表的影响。内罩是为了截断外罩本身的红外辐射而设的，太阳总辐射传感器的外形如图 3-30 所示。

如 FZD－A1 系列太阳总辐射传感器采用进口传感核心，光学材料窗口，铝合金壳体结构，配防水航插；具有结构坚固、密封性好、使用寿命长、测量精度高、稳定性好、传输距离、抗外界干扰能力强等特点。可广泛用于环境、温室、实验室、农业、科研等各类太阳辐射强度测量。

FZD－A1 系列太阳总辐射传感器的技术参数如下。

图 3-30　太阳总辐射传感器的外形

1）光谱范围：400 ~ 1100nm。

2）线性度：±2%。

3）量程：0 ~ 2000W/m²。

4）输出信号：DC 0 ~ 1V，电流 4 ~ 20mA，RS485 串口连接。

5）灵敏度：500μV/W，4μA/W。

6）功耗：≤240mW@12V，≤50mW@5V。

7）工作电压：无须工作电压（FZD‑A1‑2000），DC 7.5～36V（FZD‑V1‑2000），DC 4.5～13.2V（FZD‑R4‑2000）。

8）工作环境：温度（－40～80℃）；湿度（0～100%）。

8. 玻璃破碎探测器

玻璃破碎探测器是利用压电陶瓷片的压电效应（压电陶瓷片在外力作用下产生扭曲、变形时将会在其表面产生电荷）制成。它对高频的玻璃破碎声音（10～15kHz）进行有效检测，而对10kHz以下的声音信号（如说话、走路声）有较强的抑制作用。玻璃破碎声发射频率的高低、强度的大小同玻璃厚度、面积有关。

玻璃破碎探测器按照工作原理的不同大致分为两大类：一类是声控型的单技术玻璃破碎探测器，它实际上是一种具有选频作用（带宽10～15kHz）的具有特殊用途（可将玻璃破碎时产生的高频信号驱除）的声控报警探测器。另一类是双技术玻璃破碎探测器，其中包括声控‑震动型和次声波‑玻璃破碎高频声响型。

双技术玻璃破碎探测器声控—震动型是将声控与震动探测两种技术组合在一起，只有同时探测到玻璃破碎时发出的高频声音信号和敲击玻璃引起的震动，才输出报警信号。

次声波—玻璃破碎高频声响双技术探测器是将次声波探测技术和玻璃破碎高频声响探测技术组合到一起，只有同时探测敲击玻璃和玻璃破碎时发出的高频声响信号和引起的次声波信号才触发报警。

玻璃破碎探测器的作用是探测家里或单位的窗户玻璃是否被人破碎，如果有人为破坏玻璃而法入侵室内，则会发出报警声，是家居安防探测器之一。声控型玻璃破碎探测器的外形如图3-31所示。

CA‑PA‑476型玻璃破碎探测器的技术参数如下。

1）探测距离：9m。

2）探测角度：360°。

3）工作电压：9～16V。

4）报警电流：28mA。

5）静态电流：15μA。

6）工作环境：温度（－20～50℃）；湿度（>95%）。

7）警报指示：红色LED指示灯亮，保持3s。

8）探测指示：绿色LED指示灯亮。

图3-31　声控型玻璃破碎探测器的外形

3.3　执行器

3.3.1　执行器的定义

执行器是一种将能源转换成机械动能的装置，并可借由执行器来控制驱使物体进行各种预定动作。这类机械能把能量转化为运动，如将电力、空气压力、油压等能量转换为机械的旋转运动、往返运动、摇摆运动等。执行器在一般的控制系统中扮演着一个推动的角色，它从控制器接受命令后，即直接作用于所要控制的对象上，这就像我们人体一样，一切的动作都是由头脑来下达命令，经过神经传导给手脚四肢后，便可产生行为，此处的手脚的功能就像人体的驱动器一般。

3.3.2 执行器的作用

典型的智能控制系统主要有 3 个环节——检测、控制、执行。执行器是构成智能控制系统不可缺少的重要部分，如一个最简单的控制系统，就是由被控对象、检测仪表、控制器及执行器组成的，最简单的控制系统示意图如图 3-32 所示。执行器在系统中的作用是接收控制器的输出信号，直接控制能量或物料等，调节介质的输送量，达到控制温度、压力、流量和液位等工艺参数的目的。由于执行器代替了人的操作，所以人们形象地称之为实现生产过程自动化的"手脚"。

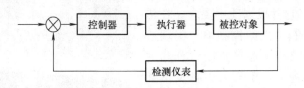

图 3-32 最简单的控制系统示意图

3.3.3 执行器的分类

执行器大致上可分为气动、电动、液动 3 种，如图 3-33 所示。

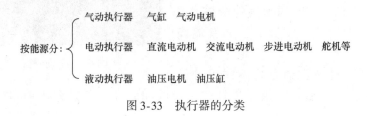

图 3-33 执行器的分类

3.3.4 智能家居常用的执行器简介

1. 窗帘控制电动机

窗帘控制电机是用来控制窗帘打开或关闭的，它由智能家居控制主机的控制，可实现电机的正转、反转或停止操作。窗帘控制电机有 3 根电源控制线，一根是正转相线、一根是反转相线、一根是零线。当 220V 交流电的相线和正转相线连接后，电机正转；当 220V 交流电的相线和反转相线连接后，电机反转；当 220V 交流电的相线与正转相线和反转相线都不连接的时候，电机停止转动。

新一代电动窗帘控制电动机采用了"螺旋传动"方式，彻底改变了旧式电动窗帘导轨传动复杂、电机和控制器外置的不足，成功实现了一体化，颜色多样，外观高贵典雅，新一代电动窗帘控制机如图 3-34 所示。

LTJS001 型新一代电动窗帘控制机的主
要技术参数如下。

1）交流电源电压：（1±15%）220V
AC 50Hz。

2）功率：静态≤1W，动态≤60W。

3）开关速度：60~100mm/s。

4）环境温度：-15~+50℃。

5）噪声指标：≤43dB。

6）遥控距离：无线≤60m。

7）最大承重：（双轨单支架）43kg。

图 3-34　新一代电动窗帘控制机

2. 电动开窗器

电动开窗器的作用是用于打开和关闭窗
户，如图 3-35 所示。它可根据使用要求，在传
感器的作用下或在控制主机的控制下，实现遥
控、烟控、温控、风控和雨控等自动打开和关
闭窗户。适用于高位窗户，单靠人力触及不到
的窗户；或窗户太重，开启或关闭费力，手动
开关使用不便；或楼层有消防联动通风要求的
消防排烟窗；或有气象开/关窗要求的窗户，
如仓库下雨时需自动关闭的窗户；或对室内有
恒温要求的窗户，如蔬菜或花卉温室的窗户；
或对室内空气需及时定时通风换气的窗户；或
绿色、智能、节能现代高层建筑，如幕墙窗
户等。

图 3-35　电动开窗器的作用

电动开窗器从机械驱动方式不同可分链
条式开窗器、齿条式开窗器、液压推杆式开窗器和曲臂式开窗器 4 种类型，如图 3-36
所示。

WL1500D 系列链式开窗器的主要技术参数如下。

1）推拉力：400N（39kg）。

2）输入电压：DC（1±10%）24V。

3）额定功率：30W。

4）运行速度：10mm/s。

5）工作温度：-40~+75℃。

6）保护等级：IP32。

7）链条材质：碳钢镀镍（标配)/不锈钢。

8）执行标准：GB 16806-2006。

9）寿命：30000 次推拉。

10）体积：见表 3-2。

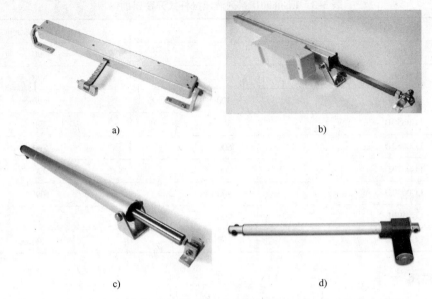

图 3-36 电动开窗器的种类

a）链条式开窗器 b）齿条式开窗器 c）液压推杆式开窗器 d）曲臂式开窗器

表 3-2 WL1500D 系列链式开窗器的体积

型　　号	D 行程/mm	L 外壳长度/mm
WL1520D	200	373
WL1530D	300	423
WL1540D	400	473
WL1550D	500	523
WL1560D	600	573
WL1570D	700	623
WL1580D	800	673
WL1590D	900	723
WLnnD	定制	$(D/2)+273$mm

LG0600D 系列液压推杆式开窗器的主要技术参数如下。

1）推拉力：600N（61kg）。

2）输入电压：DC（1±10%）24V。

3）额定功率：30W。

4）运行速度：10mm/s。

5）工作温度：-40～+105℃。

6）保护等级：IP65。

7）圆管材质：不锈钢。

8）寿命：30000 次推拉。

9）体积：见表 3-3。

表3-3　LG0600D系列液压推杆式开窗器的体积

型　号	D 行程/mm	L 外壳长度/mm
LG0620D	200	490
LG0630D	300	590
LG0640D	400	690
LG0650D	500	790
LG0660D	600	890
LG0670D	700	990
LG0680D	800	1090
LG0690D	900	1190
LG06nnD	定制	D + 290mm

3. 电磁阀

电磁阀在智能家居中的作用是关闭或开启自来水，实现庭院浇花、种菜洒水自动化。常用电磁阀的外形如图3-37所示。

图3-37　常用电磁阀

某种2W系列常闭电磁阀的主要技术参数如下。

1）阀体材质：黄铜。

2）线圈材质：纯铜漆包线。

3）适用介质：非腐蚀性的油、水、气等介质。

4）阀门型式：常闭型。

5）油封材质：NBR丁腈胶（另外有120°三元乙丙胶EPDM、150°氟胶VITON，如果需要请联系客服）。

6）压力范围：0~1.0MPa。

7）流体温度：-5~80℃。

8）输入电压：交流AC 220V/36V/110V（50Hz/60Hz），直流DC 24V/12V。

4. 燃气切断阀

燃气切断阀与家用燃气泄漏报警器或控制主机配合工作，可以实现家用燃气检测、报警与自动关闭功能，提高家庭的安全性。燃气切断阀的管径有几种，适配不同的天然气管道，安装方便。无须更改燃气管道原设计配置，用户可自行安装，带自动、手动转换离合器。常用燃气切断阀的外形如图 3-38 所示。

图 3-38　常用燃气切断阀的外形

某种燃气切断阀的主要参数如下。

1）外形尺寸：100mm × 90mm × 70mm。

2）额定电压：DC 12V。

3）工作电压：DC 8 ~ 16V。

4）工作电流：20 ~ 1000mA。

5）额定功率：0.24 ~ 10W。

6）扭矩：10 ~ 40kg. cm。

7）自动关阀时间：3 ~ 8s。

8）电动开阀时间：3 ~ 8s。

9）绝缘电阻：大于 20MΩ。

10）耐压：DC 600V。

11）工作环境：温度（ -25 ~ 85℃）；湿度（ >95% ）。

3.4　几种无线传感器网络芯片简介

3.4.1　ZigBee 网络芯片 CC2530

CC2530（无线片上系统单片机）是 TI（德州仪器）公司推出用于 3.4GHz IEEE 803.15.4、ZigBee 和 RF4CE 应用的一个真正的片上系统（SoC）解决方案。它能够以非常低的成本建立强大的网络节点。CC2530 结合了领先的 3.4GHz 的 RF 收发器的优良性能，业界标准的增强型 8051 单片机，系统内可编程闪存，8KB RAM 和许多其他强大的功能。根据芯片内置闪存的不同容量，CC2530 有 4 种不同的闪存版本：CC2530F32/64/128/256，编号后缀分别具有 32/64/128/256KB 的闪存。CC253 具有不同的运行模式，使得它尤其适应超低功耗要求的系统。运行模式之间的转换时间短，进一步确保了低能源消耗。

CC2530F256 结合了德州仪器公司的 ZigBee 协议栈 Z - Stack，提供了一个强大和完整的 ZigBee 解决方案，CC2530F256 芯片在印制电路板上的实物如图 3-39 所示。CC2530F64 结合了 TI 公司的黄金单元 RemoTI，更好地提供了一个强大和完整的 ZigBee RF4CE 远程控制解决方案。

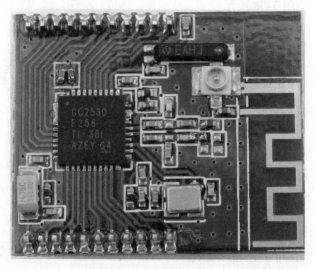

图 3-39　CC2530F256 芯片

1. 主要特性

（1）微控制器

1）高性能、低功耗且具有代码预取功能的 8501 微控制器内核。

2）32/64/128/256KB 的系统内可编程闪存。

3）8KB RAM，具备在各种供电方式下的数据保持能力。

4）支持硬件调试。

（2）RF/布局

1）适应 3.4GHz IEEE 803.15.4 标准的 RF 收发器。

2）极高的无线接收灵敏度和抗干扰性能。

3）可编程的输出功率高达 4.5dBm。

（3）低功耗。

1）主动模式 RX（CPU 空闲）：24mA。

2）主动模式 TX 在 1dBm（CPU 空闲）：29mA。

3）供电模式 1（4μs 唤醒）：0.2mA。

4）供电模式 2（睡眠定时器运行）：1μA。

5）供电模式 3（外部中断）：0.4μA。

6）宽电源电压范围（2~3.6V）。

（4）外设

1）强大的 5 通道 DMA。

2）IEEE 803.5.4 MAC 定时器，通用定时器。

3）IR 发生电路。

4）具有捕获功能的 32kHz 睡眠定时器。

5）硬件支持 CSMA/CA 功能。

6）支持精确的数字化 RSSI/LQI。

7）电池监视器和温度传感器。

8）具有 8 路输入和可配置分辨率的 12 位 ADC。

9）AES 安全协处理器。

10）两个支持多种串行通信协议的强大 USART。

11）21 个通用 I/O 引脚 （19×4mA，2×20mA）

12）看门狗定时器。

2. 内部结构

CC2530 内部结构框图如图 3-40 所示。从图 3-37 可看出 CC2530 芯片大致可以分为以下几个部分：CPU 和内存相关的模块；外设、时钟和电源管理相关的模块以及无线电相关的模块。

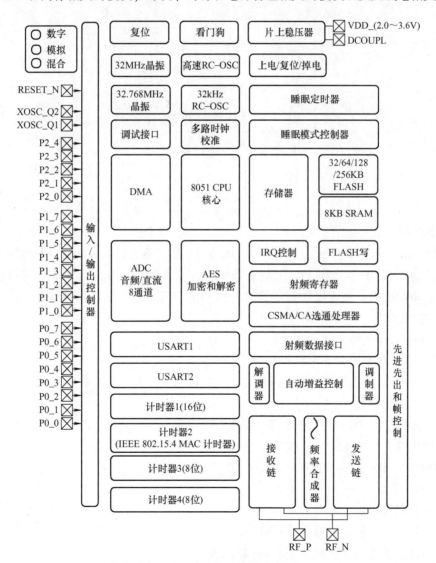

图 3-40　CC2530 内部结构框图

3. 引脚功能

CC2530 芯片采用 6mm×6mm QFN40 封装，共有 40 个引脚，可分为 I/O 引脚、电源引脚和控制引脚，CC2530 芯片的引脚功能如图 3-41 所示。

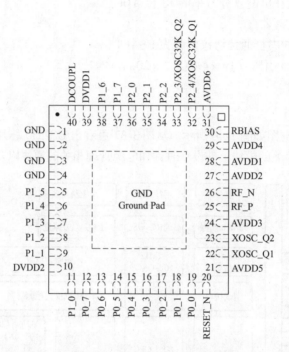

图 3-41　CC2530 芯片的引脚功能

（1）I/O 端口引脚功能

CC2530 芯片有 21 个可编程 I/O 引脚，P0 和 P1 是完整的 8 位 I/O 端口，P2 只有 5 个可以使用的位。其中，P1_0 和 P1_1 具有 20mA 的输出驱动能力，其他 I/O 端口引脚具有 4mA 的输出驱动能力。在程序中可以设置特殊功能寄存器（SFR）来将这些引脚设为普通 I/O 口或是作为外设 I/O 口使用。

I/O 口具有以下特性：

1）在输入时有上拉和下拉的能力。

2）全部 I/O 口具有响应外部中断的能力，同时这些外部中断可以唤醒休眠模式。

（2）电源引脚功能

1）AVDD1～AVDD6：为模拟电路提供 3.0～3.6V 工作电压。

2）DCOUPL：提供 1.8V 的去耦电压，此电压不为外电路使用。

3）DVDD1、DVDD2：为 I/O 口提供 3.0～3.6V 电压。

4）GND：接地。

（3）控制引脚功能

1）RESET_N：复位引脚，低电平有效。

2）RBIAS：为参考电流提供精确的偏置电阻。

3）RF_N：RX 期间负 RF 输入信号到 LNA。

4）RF_ P：RX 期间正 RF 输入信号到 LNA。

5）XOSC_ Q1：32MHz 晶振引脚 1。

6）XOSC_ Q2：32MHz 晶振引脚 2。

3.4.2　Bluetooth 网络芯片 CC2540

CC2540 是一款高性价比、低功耗的正在片上系统（Soc）解决方案，适合蓝牙低耗能应用，它使低总体物料清单成本建立强健的网络节点成为可能。CC2540 包含一个出色的工业标准的 8051 内核的 RF 收发器，系统编程闪存记忆，8KB RAM 和其他功能强大的配套特征以及外设。

CC2540 适用于低功耗系统、超低的睡眠模式以及运行模式的超低功耗的转换进一步实现了超低功耗。CC2540 有两种不同的版本：CC2540F128/F256，分别拥有 128 和 256KB 闪存记忆。与 TI 的蓝牙低功耗协议栈相连接，CC2540F128/256 形成市场上灵活、高性价比的单模式蓝牙低耗能解决方案。

CC2540 是一个超低消耗功率的无线片上系统，它整合了包含微控制器、主机端及应用程序在一个元器件上，CC2540F256 芯片在印制电路板上的实物如图 3-42 所示。

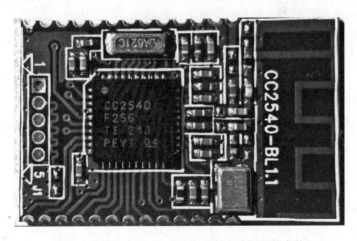

图 3-42　CC2540F256 芯片在印制电路板上的实物

1. 主要特性

1）真正的低功耗蓝牙片上系统解决方案：CC2540 集合低功耗蓝牙协议栈，包括外设接口和广泛的传感器等。

2）采用 6mm×6mm QFN‐40 封装。

3）RF 部分。

① 蓝牙低功耗兼容技术。

② 出色的链路预算（高达 97dB），支持无外部前段的远程应用。

③ 精确的数据接收信号强度检测（RSSI）。

④ 适用于针对世界范围内的无线电频率规则：ETSI EN 300 328 和 EN 300440 2 类（欧洲），FCC CFR47 15 部分（美国），ARIB STD‐T66（日本）。

4）低功耗。

① 接收模式低至 19.6mA。

② 发送模式（-6dBm）：24mA。

③ 功率模式 1（3μs 唤醒）：235μA。

④ 功率模式 2（睡眠计时器开启）：0.9μA。

⑤ 功率模式 3（外部中断）：0.4μA。

⑥ 供电范围：2~3.6V。

⑦ 在所有电源模式下都有 RAM 和寄存器存储。

5）微控制处理器。

① 高性能，低功耗的 8051 微控制器内核。

② 系统可编程闪存 56KB。

③ 静态随机存储器 8KB。

6）外设。

① 含 8 个通道和可配置分辨率的 12 位数模转换器。

② 集成高性能比较器。

③ 一个 16 位通用计时器、2 个 8 位通用计时器。

④ 32kHz 休眠定时器。

⑤ 21 个多功能 I/O 口（19×4mA，2×20mA）。

⑥ 2 个串口。

⑦ 全速 USB 接口。

⑧ 红外发生电路。

⑨ 功能强大的 5 个通道直接内存访问（DMA）。

⑩ AES 安全协处理器。

⑪ 电池监控器和温度传感器。

⑫ 每个 CC2540 内涵一个唯一的 48 位 IEEE 地址。

2. 内部结构

CC2540 内部结构框图如图 3-43 所示。从图 3-40 可看出 CC2540 芯片与 CC2530 类似，大致可以分为以下几个部分：CPU 和内存相关的模块；外设、时钟和电源管理相关的模块以及无线电相关的模块。

3. 引脚功能

与 CC2530 芯片类似，CC2540 也采用 6mm×6mm QFN40 封装，共有 40 个引脚，可分为 I/O 端口线引脚、电源线引脚和控制线引脚 3 类，CC2540 芯片的引脚功能如图 3-44 所示。其详细的引脚说明参见上面有关 CC2530 芯片的介绍。唯一不同的是，CC2540 芯片支持两个全速 USB 3.0，它的 1 脚~4 脚分别从 CC2530 的 GND 变成了 DGND_USB、USB_P、USB_N 和 DVDD_USB，其中 DGND_USB 要与 GND 连接，USB_P 和 USB_N 是两个数据 I/O 口，而 DVDD_USB 是 2~3.6V 的工作电压接口。

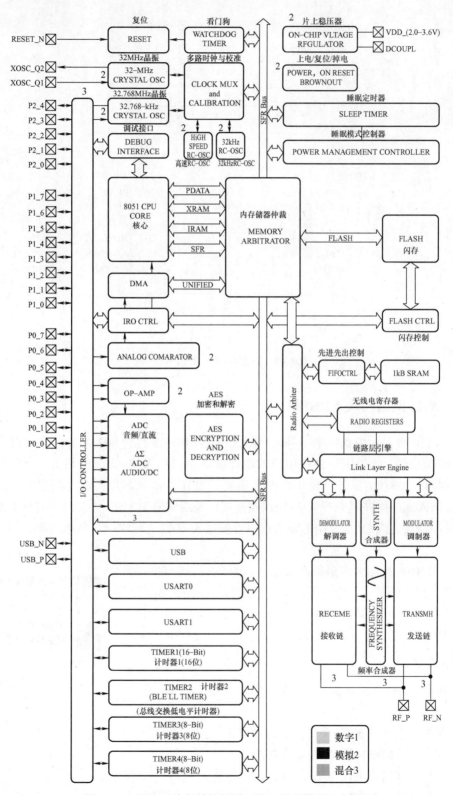

图 3-43　CC2540 内部结构框图（注：图上数字 1 未标）

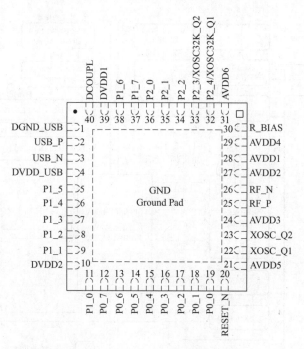

图 3-44　CC2540 芯片的引脚功能

3.4.3　WiFi 网络模块 LPB100

HF－LPB100 是上海汉枫电子科技有限公司推出的一款符合 803.11 b/g/n 标准的低功耗嵌入式 WiFi 模块，提供了一种将用户的物理设备连接到 WiFi 无线网络上，并提供 UART 数据传输接口的解决方案。该模块硬件上集成了 MAC、基频芯片、射频收发单元以及功率放大器；嵌入式的固件则支持 WiFi 协议及配置以及组网的 TCP/IP 协议栈。通过该模块，传统的低端串口设备或 MCU 控制的设备可以方便接入 WiFi 无线网络，从而实现物联网络控制与管理。

HF－LPB100 采用业内最低功耗嵌入式结构，并针对智能家用电器、智能电网、手持设备、个人医疗和工业控制等这些低流量、低频率的数据传输领域的应用，做了专业的优化。HF－LPB100 模块如图 3-45 所示。

图 3-45　HF－LPB100 模块

1. 主要特点

1）单流 WiFi @ 3.4GHz，支持 WEP、WPA/WPA2 安全模式。

2）汉枫自主开发 MCU 平台，超高性价比。

3）完全集成的串口转 WiFi 无线功能。

4）支持多种网络协议和 WiFi 连接配置功能。

5）支持 STA/AP/STA + AP 共存工作模式。

6）支持 Smart Link 智能联网功能（提供 APP）。

7）支持无线和远程升级固件。

8）可选内置板载或者外置天线。

9）支持最多 6 路 PWM/GPIO 信号输出通道。

10）支持软开关控制模块电源，进入最省电模式工作。

11）提供丰富 AT + 指令集配置。

12）超小尺寸：23.1mm × 33.8mm × (3.45 ± 0.3) mm，表贴封装。

13）3.3V 单电源供电。

14）支持低功耗实时操作系统和驱动。

15）CE/FCC 认证。

16）符合 RoHS 标准。

2. 技术参数

HF－LPB100 模块的技术参数见表 3-4。

表 3-4　HF－LPB100 模块的技术参数

分　类	参　数	取　值
无线参数	标准认证	FCC/CE
	无线标准	无线标准 803.11 b/g/n
	频率范围	频率范围 3.412 ~ 3.484GHz
	发射功率	803.11b：+16 + / −2dBm（@11Mbit/s）
		803.11g：+14 + / −2dBm（@54Mbit/s）
		803.11n：+13 + / −2dBm（@HT20, MCS7）
	接收灵敏度	803.11b：−93dBm（@11Mbit/s , CCK）
		803.11g：−85dBm（@54Mbit/s, OFDM）
		803.11n：−82dBm（@HT20, MCS7）
	天线	外置：I－PEX 连接器 SMA 连接器 内置：板载天线
硬件参数	数据接口	UART
		PWM/GPIO/SPI
	工作电压	3.8 ~ 3.6V
	工作电流	持续发送：~300mA
	正常模式	平均：~12mA，峰值：300mA
	工作温度	−40 ~ 85℃
	存储温度	−45 ~ 125℃
	尺寸	23.1mm × 33.8mm × (3.45 ± 0.3) mm
	外部接口	1 × 10，2mm 插针
		SMT 表贴

分　类	参　数	取　值
软件参数	无线网络类型	STA/AP/STA + AP
	安全机制	WEP/WPA – PSK/WPA3 – PSK
	加密类型	WEP64/WEP128/TKIP/AES
	升级固件	本地无线，远程升级
	定制开发	支持客户自定义网页 提供 SDK 供客户二次开发
	网络协议	IPv4，TCP/UDP/FTP/HTTP
	用户配置	AT + 指令集，Web 页面 Android/IOS 终端，Smart Link 智能配置 APP

3. 引脚功能

HF – LPB100 模块共有 48 个引脚，可分为 I/O 引脚、电源引脚和调试引脚，HF – LPB100 模块的引脚排列如图 3-46 所示。各引脚功能见表 3-5。

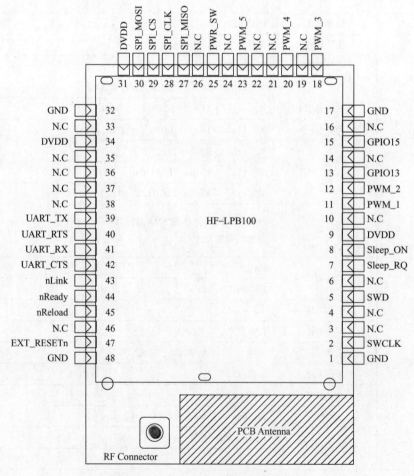

图 3-46　HF – LPB100 模块的引脚排列

表 3-5　HF‑LPB100 模块的引脚功能

引　脚	描　述	网　络　名	信号类型	说　明
1，17，32，48	Ground	GND	Power	
2	Debug 功能脚	SWCLK	I，PD	调试功能脚 不用请悬空 保留，无连接
3		N. C		
4		N. C		
5	Debug 功能脚	SWD	I/O，PU	
6		N. C		
7	GPIO/AD	Sleep_RQ	I，PU	GPIO7，不用请悬空
8	GPIO/AD	Sleep_ON	O	GPIO8，不用请悬空
9	+3.3V 电源	DVDD	Power	
10		N. C		保留，无连接
11	PWM/GPIO/AD	PWM_1	I/O	GPIO11，不用请悬空
12	PWM/GPIO/AD	PWM_2	I/O	GPIO12，不用请悬空
13	GPIO	GPIO13	I/O	GPIO13，不用请悬空
14		N. C		保留，无连接
15	WPS/GPIO	GPIO15	I/O	GPIO15，WPS 功能脚
16		N. C		保留，无连接
18	PWM/GPIO	PWM_3	I/O	GPIO18，不用请悬空
19		N. C		保留，无连接
20		PWM_4	I/O	GPIO20，不用请悬空
21		N. C		保留，无连接
22		N. C		保留，无连接
23	PWM/GPIO/AD	PWM_5	I/O	GPIO23，不用请悬空
24		N. C		保留，无连接
25	模块电源软开关	PWR_SW	I，PU	请悬空
26		N. C		保留，无连接
27	SPI 接口/AD/PWM	SPI_MISO	I	GPIO27，不用请悬空
28		SPI_CLK	I/O	GPIO28，不用请悬空
29		SPI_CS	I/O	GPIO29，不用请悬空
30		SPI_MOSI	O	GPIO30，不用请悬空
31	+3.3V 电源	DVDD	Power	
33		N. C		保留，无连接
34	+3.3V 电源	DVDD	Power	
35		N. C		保留，无连接
36		N. C		保留，无连接
37		N. C		保留，无连接
38		N. C		保留，无连接

引　脚	描　述	网　络　名	信号类型	说　明
39	UART	UART_TX	O	GPIO39，不用请悬空
40	UART	UART_RTS	I/O	GPIO40，不用请悬空
41	UART	UART_RX	I	GPIO41，不用请悬空
42	UART	UART_CTS	I/O	GPIO42，不用请悬空
43	WiFi 状态指示	nLink	O	"0"—WiFi 连接 "1"—WiFi 没连接 其他功能详见说明书
44	模组启动指示	nReady	O	"0"—完成启动 "1"—没有完成启动 不用请悬空
45	恢复出厂配置	nReload	I，PU	功能详见说明书
46		N.C		保留，无连接
47	模组复位	EXT_RESETn	I，PU	低电平有效，复位输入脚

注：以上资料来自模组用户手册

3.5　实训 3　WiFi 网络模块 LPB100 的开发应用

1. 实训目的

1）了解 WiFi 网络模块 LPB100 的特点。
2）熟悉 WiFi 网络模块 LPB100 的技术参数。
3）熟悉 WiFi 网络模块 LPB100 的引脚功能。
4）掌握 WiFi 网络模块 LPB100 智能控制 LED 应用的硬件连接。

2. 实训场地

学校实验室。

3. 实训步骤与内容

1）准备好 WiFi 网络模块 LPB100。
2）按图 3-47 所示连接 LPB100 模块与 LED 灯驱动模块。
3）模块测试硬件环境。

为了测试串口到 WiFi 网络的通信转换，将模块的串口与计算机连接，WiFi 网络也和计算机建立链接。由于需要同时具有 WiFi 和串口的特殊要求，这里采用台式机加 WiFi 网卡的形式测试，台式机自带串口，WiFi 硬件连接示意图如图 3-48 所示。

4）对 LPB100 模块进行一些配置。

首次使用 WiFi‑LPT100/WiFi‑LPB100 模块时，需要对该模块进行一些配置。用户可以通过 PC 连接 WiFi‑LPT100/WiFi‑LPB100 模块的 AP 接口，并用 Web 管理页面配置。在默认情况下，WiFi‑LPT100/WiFi‑LPB100 的 AP 接口 SSID、IP 地址、用户名、密码如表 3-6所示。

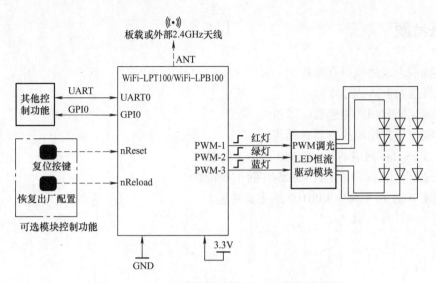

图 3-47　LPB100 模块智能控制 LED 硬件连接图

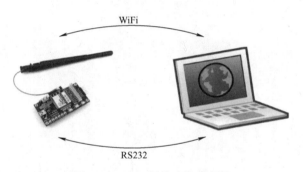

图 3-48　WiFi 硬件连接示意图

表 3-6　WiFi-LPT100/WiFi-LPB100 网络默认设置表

参　　数	默 认 设 置
SSID	WiFi-LPT100/WiFi-LPB100
IP 地址	10.10.100.254
子网掩码	255.255.255.0
用户名	admin
密码	admin

5）串口 AT 命令配置参数。

将 LPB100 模块切换到 PWM/GPIO 工作模式；将 LPB100 模块的无线组网方式设为 AP 模式。

6）用计算机输入相关指令，控制 LED 灯。

4. 实训报告

写出实训报告，包括参观收获、遇到的问题及心得体会。

3.6　思考题

1. 主流嵌入式处理器有哪些？
2. 怎样选购嵌入式处理器？
3. 智能家居常用的传感器有哪些？
4. 智能家居常用的执行器有哪些？
5. 简述 ZigBee 网络芯片 CC2530 的主要特性。
6. 简述 Bluetooth 网络芯片 CC2540 的主要特性。
7. 简述 WiFi 网络模块 LPB100 的主要特性。

第4章 嵌入式软件开发

本章要点

- 了解嵌入式系统的定义与特点。
- 熟悉嵌入式系统的体系结构。
- 熟悉几种嵌入式操作系统。
- 掌握嵌入式开源平台的应用。
- 掌握 C 语言基础知识。

4.1 嵌入式系统概述

4.1.1 嵌入式系统的定义

嵌入式系统（Embedded system）是一种"完全嵌入机械或电气系统内部，具有专属功能的计算机系统"，美国电气和电子工程师协会（IEEE）对嵌入式系统的定义是："用于控制、监视或者辅助操作机器和设备的装置"。国内普遍认同的嵌入式系统定义为："以应用为中心，以计算机技术为基础，软硬件可裁剪，适应应用系统对功能、可靠性、成本、体积、功耗等严格要求的专用计算机系统。"嵌入式系统是嵌入到对象体系中的专用计算机系统。"嵌入性""计算机系统"与"专用性"是嵌入式系统的 3 个基本要素。对象系统则是指嵌入式系统所嵌入的宿主系统。按照上述嵌入式系统的定义。只要满足定义中三要素的计算机系统，都可以称为嵌入式系统。

1. 嵌入性

嵌入到对象体系中，有对对象环境的要求。嵌入式系统是面向用户、面向产品、面向应用的，它必须与具体应用相结合才会具有生命力，才更具有优势。因此可以这样理解上述 3 个面向的含义，即嵌入式系统是与应用紧密结合的，它具有很强的专用性，必须结合实际系统需求进行合理的利用。

2. 计算机系统

实现对象的智能化功能。嵌入式系统是将先进的计算机技术、半导体技术和电子技术及各个行业的具体应用相结合后的产物，这一点就决定了它必然是一个技术密集、资金密集、高度分散、不断创新的知识集成系统。

3. 专用性

软、硬件按对象要求"裁剪"。嵌入式系统必须根据应用需求对软硬件进行"裁剪"，以满足应用系统的功能、可靠性、成本、体积等要求。因此，如果能建立相对通用的软硬件基础，然后在其上开发出适应各种需要的系统，就是一个比较好的发展模式。目前的嵌入式系统的核心往往是一个只有几 KB 到几十 KB 微内核，需要根据实际的使用进行功能扩展或者"裁剪"，但是由于微内核的存在，使得这种扩展能够非常顺利地进行。

嵌入式系统按形态可分为设备级（工控机）、板级（单板、模块）、芯片级——微控制单元（MCU）和系统级芯片（SOC）。有些人把嵌入式处理器当作嵌入式系统，但由于嵌入式系统是一个嵌入式计算机系统，所以只有将嵌入式处理器构成一个计算机系统并作为嵌入式应用时，这样的计算机系统才可称作嵌入式系统。嵌入式系统与对象系统密切相关，其主要技术发展方向是满足不同的应用指标，不断扩展对象系统要求的外围电路——如模–数转换器（ADC）、数–模转换器（DAC）、脉冲宽度调制（PWM）、日历时钟、电源监测和程序运行监测电路等，形成满足对象系统要求的应用系统。因此，嵌入式系统作为一个专用计算机系统，要不断向计算机应用系统发展，也可以把定义中的专用计算机系统延伸，即满足对象系统要求的计算机应用系统。当前嵌入式系统的发展与物联网紧密地结合在一起。

4.1.2 嵌入式系统的特点

嵌入式操作系统是相对于一般操作系统而言的，它除具备了一般操作系统最基本的功能，如任务调度、同步机制、中断处理和文件功能等外，还有以下特点。

1. 系统精简，内核小

嵌入式系统一般没有系统软件和应用软件的明显区分，不要求其功能设计及实现上过于复杂，这样一方面利于控制系统成本，另一方面也利于实现系统安全。

由于嵌入式系统一般是应用于小型电子装置的，系统资源相对有限，所以内核较之传统的操作系统要小得多。

2. 高实时性

高实时性的系统软件（OS）是嵌入式软件的基本要求，而且软件要求固态存储，以提高速度；软件代码要求高质量和高可靠性。

3. 个性化强

嵌入式系统的个性化很强，其中的软件系统和硬件的结合非常紧密，一般要针对硬件进行系统的移植，即使在同一品牌、同一系列的产品中也需要根据系统硬件的变化和增减不断进行修改。同时针对不同的任务，往往需要对系统进行较大更改，程序的编译下载要和系统相结合，这种修改和通用软件的"升级"是完全不同的两个概念。

4. 易学易用

操作方便、简单、提供友好的图形 GUI、图形界面、追求易学易用。

5. 网络功能强

提供强大的网络功能，支持 TCP/IP 协议及其他协议，提供 TCP/UDP/IP/PPP 协议支持及统一的 MAC 访问层接口，为各种移动计算设备预留接口。

6. 强稳定性，弱交互性

嵌入式系统一旦开始运行就不需要用户过多的干预，这就要负责系统管理的 EOS 具有较强的稳定性。嵌入式操作系统的用户接口一般不提供操作命令，它通过系统调用命令向用户程序提供服务。

7. 固化代码

在嵌入式系统中，嵌入式操作系统和应用软件被固化在嵌入式系统计算机的 ROM 中。辅助存储器在嵌入式系统中很少使用，因此，嵌入式操作系统的文件管理功能应该能够很容易地拆卸，而用各种内存文件系统。

8. 移植性好

更好的硬件适应性，也就是良好的移植性。

9. 需要开发工具和环境

由于其本身不具备自主开发能力，即使设计完成以后用户通常也是不能对其中的程序功能进行修改的，必须有一套开发工具和环境才能进行开发，这些工具和环境一般是基于通用计算机上的软硬件设备以及各种逻辑分析仪、混合信号示波器等。开发时往往有主机和目标机的概念，主机用于程序的开发，目标机作为最后的执行机，开发时需要交替结合进行。

目前在嵌入式领域广泛可以选择的操作系统有很多，比如嵌入式 Linux、μC/OS – II、Windows CE、VxWorks 等，以及应用在智能手机和平板计算机的 Android、iOS 等。

4.1.3 嵌入式系统的体系结构

整个嵌入式系统的体系结构可以分成 4 个部分：嵌入式微处理器、嵌入式外围设备、嵌入式操作系统和嵌入式应用程序，其中嵌入式微处理器与外围设备称为硬件；嵌入式操作系统和应用程序称为软件，嵌入式系统的体系结构如图 4-1 所示。

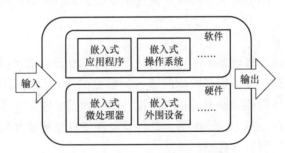

图 4-1　嵌入式系统的体系结构

1. 嵌入式微处理器

嵌入式系统的核心是各种类型的嵌入式微处理器，嵌入式微处理器与通用处理器最大的不同点在于，嵌入式 CPU 大多工作在为特定用户群所专门设计的系统中，它将通用 CPU 中许多由板卡完成的任务集成到芯片内部，从而有利于嵌入式系统在设计时趋于小型化，同时还具有很高的效率和可靠性。

嵌入式微处理器是构成系统的核心部件，系统工程中的其他部件均在它的控制和调度下工作。处理器通过专用的接口获取监控对象的数据、状态等各种信息，并对这些信息进行计算、加工、分析和判断并作出相应的控制决策，再通过专用接口将控制信息传给控制对象。

嵌入式处理器包括嵌入式微处理器（EMPU）、嵌入式微控制器（EMCU）、嵌入式数字信号处理器（EDSP）、嵌入式片上系统（ESOC），各种嵌入式处理器的有关介绍请参看第 3 章的内容。

2. 外围设备

嵌入式系统的硬件，除了处理器（EMCU、EDSP、EMPU 与 ESOC）以外，其他用于完成存储、通信、调试和显示等辅助功能的部件，事实上都可以算作嵌入式外围设备。目前常用的嵌入式外围设备可以分为存储设备、常规外设及其接口。

（1）嵌入式存储器

存储器的类型将决定整个嵌入式系统的操作和性能，因此存储器的选择非常重要。无论系统是采用电池供电还是市电供电，应用需求将决定存储器的类型及使用目的。另外，在选择过程中，存储器的尺寸和成本也是需要考虑的重要因素。对于较小的系统，微控制器自带的存储器就有可能满足系统要求，而较大的系统可能要求增加外部存储器。为嵌入式系统选择存储器类型时，需要考虑一些设计参数，包括微控制器的选择、电压范围、电池寿命、读/写速度、存储器尺寸、存储器的特性、擦除/写入的耐久性以及系统总成本等。

按照与 CPU 的接近程度，存储器分为内存储器和外存储器，简称为内存和外存。内存储器又称为主存储器，属于主机的组成部分；外存储器又称为辅助存储器，属于外围设备。CPU 不能像访问内存那样直接访问外存，外存要与 CPU 和 I/O 设备进行数据传输，必须通过内存进行。在 80386 以上的高档微机中，还配置了高速缓冲存储器（Cache），这时内存包括主存和高速缓存两部分。对于低档微机，主存即为内存。

根据两类存储器设备的特点，计算机一般采用两级存储层次，这样做的优点是：合理解决速度与成本的矛盾，以获取较高的性价比；使用磁盘作为外存，不仅价格便宜，可以把存储容量做得很大，而且在断电时它所存放的信息也不会丢失，可以长期保存，且复制、携带都很方便。

（2）常规外设及其接口

常规外设是指一般的计算设备不能缺少的外设。常规外设通常包括输入设备、输出设备和外存设备 3 类。其中输入设备用于数据的输入，常见的输入设备有键盘、鼠标、触摸屏、扫描仪和各种各样的媒体视频捕获卡等；输出设备用于数据的输出。常见的输出设备有各种显示器、打印机、绘图仪、声卡和音响等；外存设备用于存储程序和数据。常见的外存设备有硬盘、软盘、光盘、磁带机和存储机等。

通过接口可以将外设连接到计算机上，使外设的信息能够输入计算机，计算机的信息能够输出到外设。

3. 嵌入式操作系统

嵌入式系统的软件与通用计算机一样，包含应用程序、系统服务层、嵌入式操作系统、硬件抽象层，嵌入式系统软件层次结构如图 4-2 所示。

（1）应用程序

实际的嵌入式系统应用软件建立在系统的主任务基础之上。用户应用程序主要通过调用系统的 API 函数对系统进行操作，完成用户应用功能开发。在用户的应用程序中，也可创建自己的任务。任务之间协调操作主要依赖于系统的消息队列。

嵌入式应用软件是针对特定应用领域、基于某一固定的硬件平台、用来达到用户预期目标的计算机软件，由于用户任务可能有时间和精度上的要求，因此有些嵌入式应用软件需要特定嵌入式操作系统的支持。嵌入式应用软件和普通应用软件有一定的区别，它不仅要求其准确性、安全性和稳定性等方面能够满足实际应用的需要，而且还要尽可能地进行优化，以减少对系统资源的消耗，降低硬件成本。

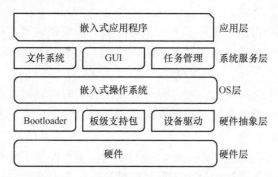

图 4-2 嵌入式系统软件层次结构

而且嵌入式系统的应用软件还存在着操作系统的依赖性，一般情况下，不同操作系统之间的软件必须进行修改才能移植，甚至需要重新编写。

嵌入式系统是面向特定应用的，因此不同的嵌入式系统的应用软件可能会完全不同，但大多数嵌入式系统的应用软件都要满足实时性要求。

（2）系统服务层

系统服务层包括文件系统、图形用户接口（GUI）和任务管理。

（3）嵌入式操作系统

嵌入式操作系统是嵌入式系统极为重要的组成部分，是嵌入式系统的灵魂。嵌入式操作系统从一开始便在通信、交通、医疗和安全方面展现出强大的魅力和强劲的发展潜力。

嵌入式操作系统根据应用场合可以分为两大类：一类是面向消费电子产品的非实时系统，这类设备包括个人数字助理（PDA）、移动电话、数字电视机顶盒等；另一类则是面向控制、通信、医疗等领域的实时操作系统，如 Wind River 公司的 VxWorks、QNX 系统软件公司的 QNX 等。

实时系统是一种能够在指定或者确定时间内完成系统功能，并且对外部和内部事件在同步或者异步时间内能做出及时响应的系统。在实时系统中，操作的正确性不仅依赖于逻辑设计的正确程度，而且与这些操作进行的时间有关，也就是说，实时系统对逻辑和时序的要求非常严格，如果逻辑和时序控制出现偏差，会产生严重的后果。

实时系统根据响应时间又分为弱实时系统、一般实时系统和强实时系统 3 种。弱实时系统在设计时的宗旨是使各个任务运行得越快越好，但没有严格限定某一任务必须在多长时间内完成，弱实时系统更多关注的是程序运行结果的正确与否以及系统安全性能等其他方面，对任务执行时间的要求相对来讲较为宽松，一般响应时间可以是数十秒或者更长；一般实时系统是弱实时系统和强实时系统的一种折中，它的响应时间可以在秒的数量级上，广泛应用于消费电子设备中；强实时系统则要求各个任务不仅要保证执行过程和结果的正确性，同时还要保证在限定的时间内完成任务，响应时间通常要求在毫秒甚至微秒的数量级上，这对涉及医疗、安全、军事的软硬件系统来说是至关重要的。

时限是实时系统中的一个重要概念，指的是对任务截止时间的要求，根据时限对系统性能的影响程度，实时系统又可以分为软实时系统和硬实时系统。软实时是指虽然对系统响应时间有所限定，但如果系统响应时间不能满足要求，并不会导致系统产生致命的错误或者崩溃；硬实时是指对系统响应时间有严格的限定，如果系统响应时间不能满足要求，就会引起系统产生致命的错误或者崩溃。

如果一个任务在时限到达之时尚未完成，对软实时系统来说还是可以容忍的，最多只会降低系统性能，但对硬实时系统来说则是无法接受的，因为这样带来的后果根本无法预测，甚至可能是灾难性的。

在目前实际运用的实时系统中，通常允许软硬两种实时性同时存在，其中一些事件没有时限要求，另外一些事件的时限要求是软实时的，而对系统产生关键影响的那些事件的时限要求则是硬实时的。

嵌入式操作系统伴随着嵌入式系统的发展而发展，主要经历了 4 个比较明显的阶段：第一阶段是无操作系统的嵌入式算法阶段，通过汇编语言编程对系统进行直接控制；第二阶段是以嵌入式 CPU 为基础、简单操作系统为核心的嵌入式系统；第三阶段是通用的嵌入式实时操作系统阶段，该阶段以嵌入式操作系统为核心；第四阶段是以基于 Internet 为标志的嵌入式系统，这还是一个正在发展的阶段。

嵌入式操作系统具有一定的通用性，规模较大的嵌入式系统一般都有操作系统。嵌入式操作系统一般具有体积小、实时性强、可裁剪、可靠性强和功耗低等特点，其中实时性是最典型的特点。因此，实时性是嵌入式系统最重要的要求之一。目前，使用的嵌入式操作系统有几十种，但是最常用的是 Linux 和 Windows CE，下面主要介绍 Linux 操作系统。

（4）硬件抽象层

硬件抽象层是位于操作系统内核与硬件电路之间的接口层，其目的在于将硬件抽象化。也就是说，可通过程序来控制所有硬件电路（如 CPU、I/O、Memory 等）的操作。这样就使得系统的设备驱动程序与硬件设备无关，从而大大提高了系统的可移植性。从软硬件测试的角度来看，软硬件的测试工作都可分别基于硬件抽象层来完成，使得软硬件测试工作的并行进行成为可能。在定义抽象层时，需要规定统一的软硬件接口标准，其设计工作需要基于系统需求来做，代码工作可由对硬件比较熟悉的人员来完成。硬件抽象层包括设备驱动、板级支持包和引导装载程序（Boot loader）。

1）板级支持包。板级支持包（BSP）是介于主板硬件和操作系统中驱动层程序之间的一层，一般认为它属于操作系统的一部分，主要是实现对操作系统的支持，为上层的驱动程序系统而言的，不同的操作系统对应于不同定义形式的 BSP。例如，VxWorks 的 BSP 和 Linux 的 BSP 相对于某一 CPU 来说，尽管实现的功能可能完全一样，但写法和接口定义却完全不同。因此，BSP 一定要按照该系统 BSP 的定义形式来写，这样才能与上层 OS 保持正确的接口，良好的支持上层 OS。

板级支持包实现的功能大体有以下两个方面。

一个是在系统启动时，完成对硬件的初始化。例如，对系统内存，寄存器以及设备的中断进行设置。这是比较系统化的工作，它要根据嵌入式开发所选的 CPU 类型，硬件以及嵌入式操作系统的初始化等多方面决定 BSP 应实现什么功能。

另一个是为驱动程序提供访问硬件的手段。驱动程序经常要访问设备的寄存器，对设备的寄存器进行操作。如果整个系统为统一编址，则开发人员可直接在驱动程序中用 C 语言的函数访问设备寄存器。但是，如果系统为单独编址，则 C 语言就不能直接访问设备中的寄存器，只有用汇编语言编写的函数才能进行对外围设备寄存器的访问。BSP 就是为上层的驱动程序提供访问硬件设备寄存器的函数包。

2）设备驱动程序。系统中安装设备后，只有在安装相应的设备驱动程序之后才能使用，驱动程序为上层软件提供设备的操作接口。上层软件只需调用驱动程序提供的接口，而不用理会设备的具体内部操作。驱动程序的好坏直接影响着系统的性能。驱动程序不仅要实现设备的基本功能函数，如初始化、中断响应、发送和接收等，使设备的基本功能能够实现，而且因为设备在使用过程中还会出现各种各样的差错，所以好的驱动程序还应该有完备的错误处理函数。

3）引导装载程序（Boot loader）。简单来说，引导加载程序会引导操作系统。当机器引导它的操作系统时，BIOS 会读取引导介质上最前面的 512 字节，即人们所知的主引导记录（MBR）。在单一的 MBR 中只能存储一个操作系统的引导记录，所以当需要多个操作系统时就会出现问题，所以需要更灵活的引导加载程序。

主引导记录本身要包含两类内容——部分（或全部）引导加载程序以及分区表（其中包含关于介质其余部分如何划分为分区的信息）。当 BIOS 引导时，它会寻找硬盘驱动器第一个扇区（MBR）中存储的数据；BIOS 使用存储在 MBR 中的数据激活引导加载程序。

4.1.4 嵌入式系统的应用领域

嵌入式系统技术具有非常广阔的应用前景，其应用领域可以包括以下几个方面。

1. 工业控制

基于嵌入式芯片的工业自动化设备将获得长足的发展，目前已经有大量的 8 位、16 位、32 位嵌入式微控制器在应用中。网络化是提高生产效率和产品质量、减少人力资源的主要途径，如工业过程控制、数字机床、电力系统、电网安全、电网设备监测和石油化工系统等。就传统的工业控制产品而言，低端型采用的往往是 8 位单片机，但随着技术的发展，32位、64 位的处理器逐渐成为工业控制设备的核心，在未来几年内必将获得长足的发展。如面向智能电网的物联网架构系统示意图如图 4-3 所示。

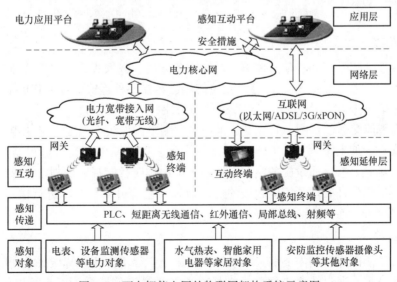

图 4-3　面向智能电网的物联网架构系统示意图

2. 智能家用电器

智能家用电器是嵌入式系统最大的应用领域，电冰箱、空调等家用电器的网络化、智能化将引领人们的生活步入一个崭新的空间。即使你不在家里，也可以通过电话线、网络进行远程控制。在这些设备中，嵌入式系统将大有用武之地。部分智能家用电器如图4-4所示。

图4-4　部分智能家用电器

a）智能电视机　b）智能洗衣机　c）智能空调　d）智能电冰箱

3. 交通管理

在车辆导航、流量控制、信息监测与汽车服务方面，嵌入式系统技术已经获得了广泛的应用，内嵌GPS模块、GSM模块的移动定位终端已经在各种运输行业中获得了成功的使用。目前GPS设备已经从尖端产品进入了普通百姓的家庭。

图4-5为智能交通示意图。智能交通采用各种网络摄像头、温度、湿度传感器安装在道路不同的观察点，加上车辆上的GPS全球定位设备，在监控中心通过监视器实时、直观地再现道路、广场等公共交通设施的实况，监控人员通过对智能视频识别系统的预警，发现异常情况报警，提出事件处理和实施救援的建议措施。它还可以与汽车进行信息交互，比如，道路状况危险警告或前方交通拥塞等。

4. 智能医疗

传统模式下的医疗检测需要病人必须躺在病床上，很不方便。智能医疗利用无线传感器网络与嵌入式技术，通过让病人佩戴具有特殊功能的微型传感器，医生可以使用手持PDA

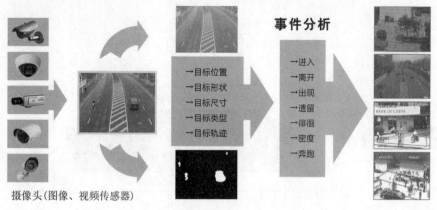

图 4-5　智能交通示意图

等设备，随时查询病人健康状况或接收报警消息。另外，利用这种医护人员和病人之间的跟踪系统可以及时地救治伤患，以进一步提升医疗诊疗流程的服务效率和服务质量。智能医疗系统示意图如图 4-6 所示。

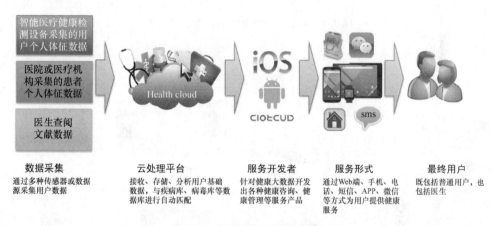

图 4-6　智能医疗系统示意图

5. 环境监测

无线传感器网络与嵌入式技术应用于环境监测，能够完成传统系统无法完成的任务。环境监测应用领域包括植物生长环境、动物的活动环境、生化监测、精准农业监测、森林火灾监测和洪水监测等。EMS－2000 环境监控系统示意图如图 4-7 所示。

6. 家庭智能管理系统

水、电、煤气表的远程自动抄表以及安全防火、防盗系统，其中嵌有的专用控制芯片将代替传统的人工检查，并实现更准确和更安全的性能。目前在服务领域（如远程点菜器等）已经体现了嵌入式系统的优势。家庭智能管理系统示意图如图 4-8 所示。

7. POS 网络及电子商务

公共交通无接触智能卡（CSC）发行系统、公共电话卡发行系统、自动售货机及各种智能 ATM 终端将全面走入人们的生活，到时手持一卡就可以行遍天下。POS 网络示意图如图 4-9 所示。

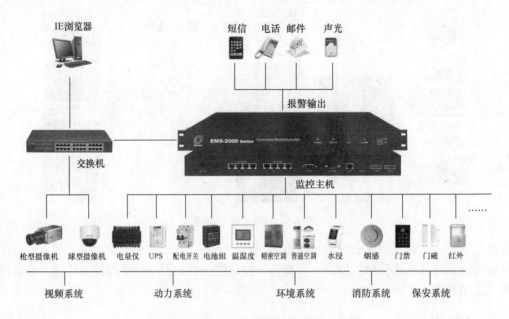

图 4-7　EMS‐2000 环境监控系统示意图

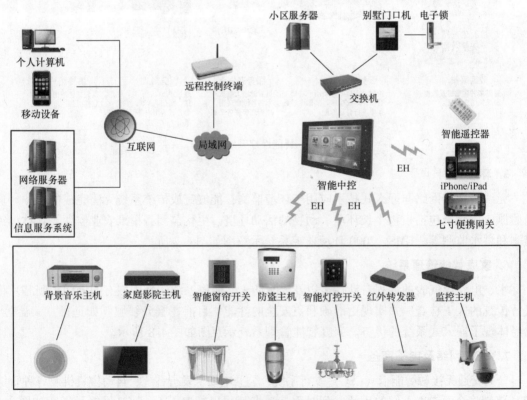

图 4-8　家庭智能管理系统示意图

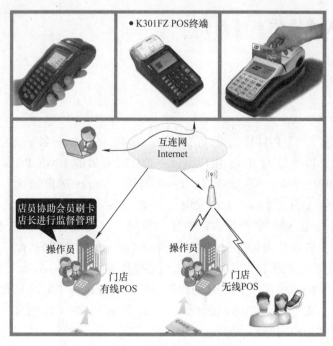

图 4-9　POS 网络示意图

8. 机器人

嵌入式芯片的发展将使机器人在微型化、高智能方面优势更加明显，同时会大幅度降低机器人的价格，使其在工业领域和服务领域获得更广泛的应用。

机器人具备各式各样的信息传感器，如视觉、听觉、触觉和嗅觉。除具有传感器外，它还有多种效应器，能使手、脚、鼻子和触角等动起来。由此可见，机器人至少要具备 3 个要素：感觉要素、反应要素和思考要素。代表产品有 Pepper 机器人、艾力克智能机器人等，如图 4-10 所示。

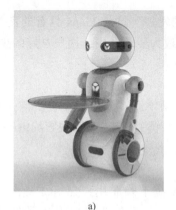
a)

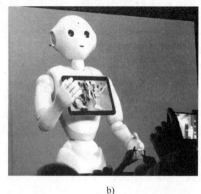
b)

图 4-10　机器人

a）艾力克智能机器人　b）Pepper 机器人

4.2 几种嵌入式操作系统简介

4.2.1 嵌入式 Linux 操作系统

1. 什么是 Linux

Linux 是一种专门为个人计算机设计的操作系统和它的内核的名字，它最早由芬兰人 Linus Torvald 设计的，目的是为 Minix 用户设计一个比较有效的 UNIX PC 版本。Minix 具有较多 UNIX 的特点，但与 UNIX 不完全兼容，Linus 打算为 Minix 用户设计一个较完整的 UNIX PC 版本，于 1991 年发行了 Linux 0.11 版本，并将它发布在 Internet 上，免费供人们使用。以后几年，其他的 Linux 爱好者根据自己的使用情况，综合现有的 UNIX 标准和 UNIX 系统中应用程序的特点，修改并增加了一些内容，使得 Linux 的功能更完善。

Linux 是一套免费使用和自由传播的类 UNIX 操作系统，是一个基于 POSIX 和 UNIX 的多用户、多任务、支持多线程和多 CPU 的操作系统。它能运行主要的 UNIX 工具软件、应用程序和网络协议。它支持 32 位和 64 位硬件。Linux 继承了 UNIX 以网络为核心的设计思想，是一个性能稳定的多用户网络操作系统。

Linux 是在 Internet 开放环境中开发的，它由世界各地的程序员不断地完善，而且免费供用户使用。尽管如此，它仍然遵循商业 UNIX 版本的标准，因为在此之前的几十年里，UNIX 版本大量出现，电气和电子工程师协会（IEEE）开发了一个独立的 UNIX 标准，这个新的 ANSI UNIX 标准被称为计算机环境的可移植性操作系统界面（POSIX）。这个标准限定了 UNIX 系统如何进行操作，对系统调用也做了专门的论述。POSIX 限制所有 UNIX 版本必须依赖大众标准，现有的大部分 UNIX 和流行版本都是遵循 POSIX 标准的，而 Linux 从一开始就遵循 POSIX 标准。Linux 设计了与所有主要窗口管理器的接口，提供了大量 Internet 工具，如 FTP、Telnet 和 SLIP 等。

2. 主要特性

Linux 操作系统在短时间内得到了非常迅猛的发展，这与 Linux 具有的良好特性是分不开的。Linux 包含了 UNIX 的全部功能和特性，已成为美观易用，用户友好的桌面操作系统。简单地说，Linux 具有以下主要特性。

（1）完全免费

Linux 是一款免费的操作系统，用户可以通过网络或其他途径免费获得，并可以任意修改其源代码。Linux 拥有强大的免费软件群，从教育类软件到音频/视频编辑等。企业可以免费使用软件，大大降低了成本预算。

（2）安全性高

安装 Linux 能有效避免病毒的侵入。Linux 系统下除非用户以 root 身份登录，否则程序无法更改系统设置和配置。因此，下载的文件/恶意软件的权限将受到限制。也就是说，除非进入超级用户状态，不然连软件都安装不上，病毒/恶意软件更不能自动安装了。而且由于 Linux 已开源，全世界的开发都可以查看源码，这意味着大多数的缺陷已经被挖出来了。

（3）稳定性好

Linux 非常稳定，不易崩溃。Linux 能在几年后保持和第一次安装时一样的运行速度。而 Windows 可能在运行半年后，速度就跟不上了。Linux 正常运行时间长，可用性为 99.9%，每次更新或修复程序之后无须重启系统。因此，Linux 在互联网上运行的服务器数量最多。

（4）适应性强

Linux 可以运行在多种硬件平台上，如具有 x86、680x0、SPARC 和 Alpha 等处理器的平台。此外 Linux 还是一种嵌入式操作系统，可以运行在掌上计算机、机顶盒或游戏机上。2001 年 1 月份发布的 Linux 2.4 版内核已经能够完全支持 Intel 64 位芯片架构。同时 Linux 也支持多处理器技术。多个处理器同时工作，使系统性能大大提高。

（5）兼容性好

Linux 完全兼容 POSIX 4.0 标准，这使得可以在 Linux 下通过相应的模拟器运行常见的 DOS、Windows 程序，也为用户从 Windows 转到 Linux 奠定了基础。

（6）开放性好

开放性是指系统遵循世界标准规范，特别是遵循开放系统互连（OSI）国际标准。凡遵循国际标准所开发的硬件和软件都能彼此兼容，可方便地实现互联。

（7）用户界面良好

Linux 向用户提供了两种界面：用户界面和系统调用。Linux 的传统用户界面基于文本的命令行界面，即 shell，它既可以联机使用，又可以在文件上脱机使用。shell 有很强的程序设计能力，用户可方便地用它编制程序，从而为用户扩充系统功能提供了更高级的手段。可编程 shell 是指将多条命令组合在一起，形成一个 shell 程序，这个程序可以单独运行，也可以与其他程序同时运行。

系统调用给用户提供编程时使用的界面。用户可以在编程时直接使用系统提供的系统调用命令。系统通过这个界面为用户程序提供低级、高效率的服务。

Linux 还为用户提供了图形用户界面。它利用鼠标、菜单、窗口和滚动条等工具，给用户呈现了一个直观、易操作、交互性强的友好的图形化界面。现在还有几款游戏能在 Linux 上使用，还可以通过安装 Play On Linux 来运行 Windows 游戏。

（8）网络功能丰富

完善的内置网络是 Linux 的一大特点。Linux 在通信和网络功能方面优于其他操作系统。其他操作系统不包含如此紧密地和内核结合在一起的连接网络的能力，也没有内置这些联网特性的灵活性。而 Linux 为用户提供了完善的、强大的网络功能。

1）支持 Internet。Linux 免费提供了大量支持 Internet 的软件，Internet 是在 UNIX 领域中建立并繁荣起来的，在这方面使用 Linux 是相当方便的，用户能用 Linux 与世界上的其他人通过 Internet 进行通信。

2）文件传输。用户能通过一些 Linux 命令完成内部信息或文件的传输。

3）远程访问。Linux 不仅允许进行文件和程序的传输，它还为系统管理员和技术人员提供了访问其他系统的窗口。通过这种远程访问的功能，一位技术人员能够有效地为多个系统服务，即使那些系统位于相距很远的地方。

Linux 支持所有常见的网络服务，包括 FTP、Telnet、NFS 等。Linux 在最新发展的核心中包含的基本协议有 TCP、IPv4、1Pv6、AX.25、X.25、IPX、DDP（Appletalk）、NetBEUI

和 Netrom 等。稳定的核心中目前包含的网络协议有 TCP、IPv4、IPX、DDP 和 AX 等协议。另外，Linux 还提供 Netware 的客户机和服务器以及 Samba（让用户共享 Microsoft Network 资源）。Linux 还包括 Appletalk 服务器。

(9) 支持多种文件系统

Linux 支持的文件系统的种类包括 minix、ext、ext2、ext3、ext4、xiafs、hpfs、fat、ms-dos、umsdos、vfat、proc、nfs、is09660、smbfs、ncpfs、affs、ufs、romfs、sysv、xenix 和 cohe-met，Linux 可以将这些文件系统直接装载（mount）为系统的一个目录。Linux 自己的文件系统 ext2fs 最多可以支持 2TB 的硬盘，文件名长度的限制为 255 个字符。同时在 Dos 和 Windows 95/NT 下也都有工具来直接读取 Linux 文件系统上的文件。此外 Linux 还支持以只读方式打开 HPFS-2 格式的 OS/22.1 文件系统和 HFS 格式的 Macintosh 文件系统。

(10) 多用户、多任务

Linux 支持多用户，各个用户对于自己的文件设备有自己特殊的权利，保证了各用户之间互不影响。多任务则是现在计算机最主要的一个特点，Linux 可以使多个程序同时并独立地运行。

(11) 强大的社区支持

Linux 有强大的社区支持。因为有众多志愿者的存在，论坛提出的任何问题都能得到快速回复。如有需要，用户也可以购买企业级服务，Red Hat 和 Novell 等公司为关键应用程序和服务提供 24×7 支持。

(12) 维护容易

Linux 系统维护非常容易，用户可以集中更新操作系统和所有安装的软件。它的每个发行版都有自己的软件管理中心，提供定时更新，既安全又高效。

3. Linux 的发行版本

Linux 的发行版本可以大体分为两类，一类是商业公司维护的发行版本，一类是社区组织维护的发行版本，前者以著名的 Redhat（RHEL）为代表，后者以 Debian 为代表。下面介绍一下各个发行版本的特点。

1）Redhat，应该称为 Redhat 系列，包括 RHEL（Redhat Enterprise Linux，也就是所谓的 Redhat Advance Server，收费版本）、Fedora Core（由原来的 Redhat 桌面版本发展而来，免费版本）和 CentOS（RHEL 的社区克隆版本，免费）。Redhat 应该说是在国内使用人群最多的 Linux 版本，甚至有人将 Redhat 等同于 Linux，而有些人更是只用这一个版本的 Linux。所以这个版本的特点就是使用人群数量大，资料非常多，言下之意就是如果用户有什么不明白的地方，很容易找到人来问，而且网上的一般 Linux 教程都是以 Redhat 为例来讲解的。Redhat 系列的包管理方式采用的是基于 RPM 包的 YUM 包管理方式，包分发方式是编译好的二进制文件。稳定性方面 RHEL 和 CentOS 的稳定性非常好，适合于服务器使用，但是 Fedora Core 的稳定性较差，最好只用于桌面应用。

2）Debian 或者称为 Debian 系列，包括 Debian 和 Ubuntu 等；Debian 是社区类 Linux 的典范，是迄今为止最遵循 GNU 规范的 Linux 系统。Debian 最早由 lan Murdock 于 1993 年创建，分为 3 个版本分支：stable、testing 和 unstable。其中，unstable 为最新的测试版本，其中包括最新的软件包，但是也有相对较多的 bug，适合桌面用户。testing 的版本经过 unstable 中的测试，相对较为稳定，也支持了不少新技术（例如 SMP 等）。而 stable 一般只用于服务器，上面的软件包大部分都比较过时，但是稳定和安全性都非常高。Debian 最具本色的是 apt‒get/dpkg 包管理方式（其实 Redhat 的 YUM 也是在模仿 Debian 的 APT 方式，但在二进制文件发行方式中，APT 应该是最好的）。Debian 的资料也很丰富，有很多支持的社区，用户有问题求教也有地方可去。

任何一个软件都有版本号，Linux 也不例外。Linux 的版本号分为两部分：内核（kernel）版本和发行套件（distribution）版本。发行套件最常见的有 Slackware、Redhat、Debian 和 SUSE 等。中文 Linux 套件 Turbo Linux 和 Xteam Linux 在国内已正式发行。

4. Linux 系统的架构

Linux 系统由硬件、内核、shell 和外层应用程序构成，Linux 系统的架构如图 4-11 所示。

图 4-11 的最内层是硬件，最外层是用户常用的应用程序，比如说 firefox 浏览器、evolution 查看邮件、一个计算流体模型等。硬件是物质基础，而应用提供服务。但在两者之间，有内核（kernel）与用户界面或称壳（Shell）。

内核是一段计算机程序，这个程序直接管理硬件，包括 CPU、内存空间、硬盘接口和网络接口等。所有的

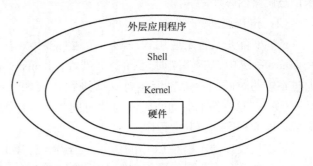

图 4-11　Linux 系统的架构

计算机操作都要通过内核传递给硬件。为了方便调用内核，Linux 将内核的功能接口制作成系统调用（system call）。系统调用看起来就像 C 语言的函数。可以在程序中直接调用。Linux 系统有两百多个这样的系统调用。用户不需要了解内核的复杂结构，就可以使用内核。系统调用是操作系统的最小功能单位。一个操作系统以及基于操作系统的应用都不可能实现超越系统调用的功能。

内核是操作系统的核心，具有很多最基本的功能，它负责管理系统的进程、内存、设备驱动程序、文件和网络系统，决定着系统的性能和稳定性。Linux 内核由如下几部分组成：内存管理、进程管理、设备驱动程序、文件系统和网络管理等。

Shell 是系统的用户界面，提供了用户与内核进行交互操作的一种接口。它接收用户输入的命令并把它送入内核去执行。实际上 Shell 是一个命令解释器，它解释由用户输入的命令并且把它们送到内核。不仅如此，Shell 有自己的编程语言用于对命令的编辑，它允许用户编写由 shell 命令组成的程序。Shell 编程语言具有普通编程语言的很多特点，比如它也有循环结构和分支控制结构等，用这种编程语言编写的 Shell 程序与其他应用程序具有同样的效果。

内核、Shell 和文件结构一起形成了基本的操作系统结构。它们使得用户可以运行程序，管理文件以及使用系统。此外，Linux 操作系统还有许多被称为实用工具的程序，辅助用户完成一些特定的任务，Linux 操作系统的详细架构如图 4-12 所示。

（1）内存管理

对任何一台计算机而言，其内存以及其他资源都是有限的。为了让有限的物理内存满足应用程序对内存的大需求量，Linux 采用了称为"虚拟内存"的内存管理方式。Linux 将内

存划分为容易处理的"内存页"(对于大部分体系结构来说都是 4KB)。Linux 包括了管理可用内存的方式以及物理和虚拟映射所使用的硬件机制。

不过内存管理要管理的可不止 4KB 缓冲区。Linux 提供了对 4KB 缓冲区的抽象,例如 slab 分配器。这种内存管理模式使用 4KB 缓冲区为基数,然后从中分配结构,并跟踪内存页使用情况,比如哪些内存页是满的,哪些页面没有完全使用,哪些页面为空。这样就允许该模式根据系统需要来动态调整内存使用。

(2) 进程调度

进程实际是某特定应用程序的一个运行实体。在 Linux 系统中,能够同时运行多个进程,Linux 通过在短的时间间隔内轮流运行这些进程而实现

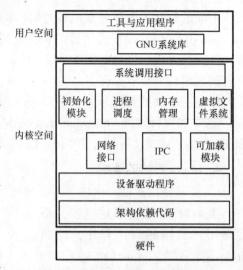

图 4-12　Linux 操作系统的详细架构

"多任务"。这一短的时间间隔称为"时间片",让进程轮流运行的方法称为"进程调度",完成调度的程序称为调度程序。

进程调度控制进程对 CPU 的访问。当需要选择下一个进程运行时,由调度程序选择最值得运行的进程。可运行进程实际上是仅等待 CPU 资源的进程,如果某个进程在等待其他资源,则该进程是不可运行进程。Linux 使用了比较简单的基于优先级的进程调度算法选择新的进程。

通过多任务机制,每个进程可认为只有自己独占计算机,从而简化程序的编写。每个进程有自己单独的地址空间,并且只能由这一进程访问,这样,操作系统避免了进程之间的互相干扰以及"坏"程序对系统可能造成的危害。为了完成某特定任务,有时需要综合两个程序的功能,例如一个程序输出文本,而另一个程序对文本进行排序。为此,操作系统还提供进程间的通信机制来帮助完成这样的任务。Linux 中常见的进程间通信机制有信号、管道、共享内存、信号量和套接字等。

(3) 文件系统

和 Dos 等操作系统不同,Linux 操作系统中单独的文件系统并不是由驱动器号或驱动器名称(如 A:或 C:等)来标识的。相反,和 UNIX 操作系统一样,Linux 操作系统将独立的文件系统组合成了一个层次化的树形结构,并且由一个单独的实体代表这一文件系统。Linux 将新的文件系统通过一个称为"挂装"或"挂上"的操作将其挂装到某个目录上,从而让不同的文件系统结合成为一个整体。Linux 操作系统的一个重要特点是它支持许多不同类型的文件系统。Linux 中最普遍使用的文件系统是 Ext2,它也是 Linux 土生土长的文件系统。但 Linux 也能够支持 FAT、VFAT、FAT32 和 MINIX 等不同类型的文件系统,从而可以方便地和其他操作系统交换数据。由于 Linux 支持许多不同的文件系统,并且将它们组织成了一个统一的虚拟文件系统.

虚拟文件系统(VFS)隐藏了各种硬件的具体细节,把文件系统操作和不同文件系统的具体实现细节分离了开来,为所有的设备提供了统一的接口,VFS 提供了多达数十种不同的文件系统。虚拟文件系统可以分为逻辑文件系统和设备驱动程序。逻辑文件系统指 Linux 所

124

支持的文件系统，如 ext2、fat 等，设备驱动程序指为每一种硬件控制器所编写的设备驱动程序模块。

（4）设备驱动程序

设备驱动程序是 Linux 内核的主要部分。和操作系统的其他部分类似，设备驱动程序运行在高特权级的处理器环境中，从而可以直接对硬件进行操作，但正因为如此，任何一个设备驱动程序的错误都可能导致操作系统的崩溃。设备驱动程序实际控制操作系统和硬件设备之间的交互。设备驱动程序提供一组操作系统可理解的抽象接口完成和操作系统之间的交互，而与硬件相关的具体操作细节由设备驱动程序完成。一般而言，设备驱动程序和设备的控制芯片有关，例如，如果计算机硬盘是 SCSI 硬盘，则需要使用 SCSI 驱动程序，而不是 IDE 驱动程序。

（5）网络接口（NET）

提供了对各种网络标准的存取和各种网络硬件的支持。网络接口可分为网络协议和网络驱动程序。网络协议部分负责实现每一种可能的网络传输协议。众所周知，TCP/IP 协议是 Internet 的标准协议，同时也是事实上的工业标准。Linux 的网络实现支持 BSD 套接字，支持全部的 TCP/IP 协议。Linux 内核的网络部分由 BSD 套接字、网络协议层和网络设备驱动程序组成。网络设备驱动程序负责与硬件设备通信，每一种可能的硬件设备都有相应的设备驱动程序。

5. 嵌入式 Linux

嵌入式 Linux 是将日益流行的 Linux 操作系统进行裁剪、修改，使之能在嵌入式计算机系统上运行的一种操作系统。除了智能数字终端领域外，Linux 在移动计算平台、智能工控设备、金融业终端系统，甚至军事领域都有广泛的应用前景，这些 Linux 称为"嵌入式 Linux"。

嵌入式 Linux 既继承了 Internet 上无限的开放源代码资源，又具有嵌入式操作系统的特性。Linux 作为嵌入式操作系统的优势主要有以下几点。

（1）完全免费

嵌入式 Linux 的版权费是免费的，其购买费用仅为媒介成本。大多数的商业操作系统，如：Windows、Windows CE 对每套操作系统收取一定的许可证费用。相对地，Linux 是一个免费软件，并且公开源代码。只要不违反通用版权许可协议（General Public License，GPL），都可以自由应用和发布 Linux。

（2）稳定性高

在 PC 硬件上运行时，Linux 是非常可靠和稳定的，特别是和现在流行的一些操作系统相比。移植到新微处理器家族的 Linux 内核运行起来与原来的微处理器一样稳定。因此它经常被移植到一个或多个特定的主板上，这些主板包括特定的外围设备和 CPU。

（3）网络功能强

Linux 天生就是一个网络操作系统，几乎所有的网络协议和网络接口都已经被定制在 Linux 中。Linux 内核在处理网络协议方面比标准的 UNIX 更具执行效率，在每一个端口上有更高的吞吐量。

（4）开发工具丰富

Linux 提供 C、C++、Java 以及其他很多的开发工具。更重要的是，爱好者可以免费获得，技术上由全世界的自由软件开发者提供支持，并且这些开发工具设计时已经考虑到支持各种不同的微处理器结构和调试环境。Linux 基于 GNU 的工具包，此工具包提供了完整的无缝交叉平台开发工具，从编辑器到底层调试。其 C 编译器产生更有效率的执行代码。应用产品开发周期短，新产品上市迅速，因为有许多公开的代码可以参考和移植。

（5）实时性能好

RT_Linux、Hardhat Linux 等嵌入式 Linux 支持实时性能，稳定性好，安全性好。

鉴于篇幅有限，有关搭建 Linux 开发环境的介绍，读者可参考嵌入式 Linux 操作系统的图书。

4.2.2 Android 操作系统

Android 是 Google 开发的基于 Linux 平台的开放源代码的操作系统。它包括移动电话工作所需的全部软件，如操作系统、用户界面和应用程序。主要应用于移动设备，如智能手机和平板计算机。Android 采用 WebKit 浏览器引擎，具备触摸屏、高级图形显示和上网功能，用户能够在手机上查看电子邮件、搜索网址和观看视频节目等。

Android 操作系统最初由 Andy Rubin 开发，主要支持手机。2005 年 8 月由 Google 收购注资。2007 年 11 月，Google 与 84 家硬件制造商、软件开发商及电信营运商组建开放手机联盟共同研发改良 Android 系统。随后 Google 以 Apache 开源许可证的授权方式，发布了 Android 的源代码。第一部 Android 智能手机发布于 2008 年 10 月。Android 逐渐扩展到平板计算机及其他领域上，如电视、数码相机和游戏机等。2011 年第一季度，Android 在全球的市场份额首次超过塞班系统，跃居全球第一。2013 年的第四季度，Android 平台手机的全球市场份额已经达到 78.1%。2013 年 09 月 24 日，Google 开发的操作系统 Android 迎来了 5 岁生日，全世界采用这款系统的设备数量已经达到 10 亿台。2014 年第一季度，Android 平台已占所有移动广告流量来源的 42.8%，首度超越 iOS。但运营收入不及 iOS。2016 年 8 月 22 日，Google 正式推送 Android7.0 Nougat 正式版。

Android 操作系统尚未有统一中文名称，多人使用"安卓"或"安致"。

1. Android 的系统架构

Android 的系统架构和其操作系统一样，采用了分层的架构。从架构图 4-13 可知，Android 分为 4 个层、5 个部分，从高层到低层分别是应用程序层、应用程序框架层、系统运行库层和 linux 核心层。

（1）应用程序

Android 会同一系列核心应用程序包一起发布，该应用程序包包括 email 客户端、SMS 短消息程序、日历、地图、浏览器和联系人管理程序等。所有的应用程序都是使用 Java 语言编写的。

（2）应用程序框架

开发人员也可以完全访问核心应用程序所使用的 API 框架。该应用程序的架构设计简化了组件的重用。任何一个应用程序都可以发布它的功能块并且任何其他的应用程序都可以使用其所发布的功能块（不过得遵循框架的安全性限制）。同样，该应用程序重用机制也使用户可以方便的替换程序组件。

隐藏在每个应用后面的是一系列的服务和系统，其中包括如下内容。

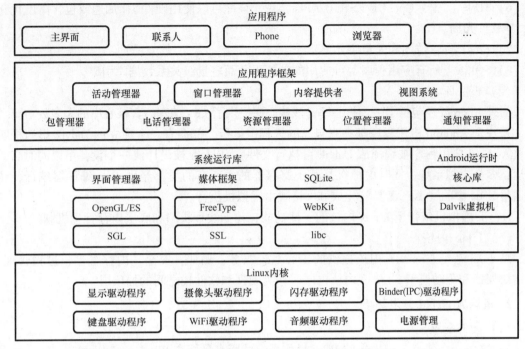

图 4-13 Android 的系统架构

1）丰富而又可扩展的视图（Views），可以用来构建应用程序，它包括列表（Lists）、网格（Grids）、文本框（Text boxes）、按钮（Buttons），甚至可嵌入的 Web 浏览器。

2）内容提供者（Content Providers）使得应用程序可以访问另一个应用程序的数据（如联系人数据库），或者共享它们自己的数据。

3）资源管理器（Resource Manager）提供非代码资源的访问，如本地字符串、图形和布局文件（Llayout files）。

4）通知管理器（Notification Manager）使得应用程序可以在状态栏中显示自定义的提示信息。

5）活动管理器（Activity Manager）用来管理应用程序生命周期并提供常用的导航回退功能。

（3）系统运行库

Android 包含一些 C/C++ 库，这些库能被 Android 系统中不同的组件使用。它们通过 Android 应用程序框架为开发者提供服务。以下是一些核心库。

1）系统 C 库：标准 C 系统函数库（libc）是从 BSD 衍生来的，它是专门为基于嵌入式 Linux 的设备定制的。

2）媒体库：基于 Open ORE（PacketVideo），该库支持多种常用的音频、视频格式回放和录制，同时支持静态图像文件。编码格式包括 MPEG4、H. 264、MP3、AAC、AMR、JPG 和 PNG。

3）界面管理：对显示子系统的管理，并且为多个应用程序提供了 2D 和 3D 图层的无缝融合。

4）LibWebCore：新式的 Web 浏览器引擎用，驱动 Android 浏览器和内嵌的 Web 视图。

5）SGL：基本的 2D 图形引擎。

6）3D 库：基于 OpenGL ES 1.0 APIs 实现。该库可以使用硬件 3D 加速或包含高度优化的 3D 软件光栅。

7）FreeType：位图和矢量字体显示。

8）SQLite：所有应用程序都可使用的功能强劲而轻量级关系数据库引擎。

（4）核心库

另外 Android 还包括了一个核心库，该核心库提供了 Java 编程语言核心库的大多数功能。

每一个 Android 应用程序都在它自己的进程中运行，都拥有一个独立的 Dalvik 虚拟机实例（Android 应用程序被编译成 Dalvik 可执行文件）。Dalvik 被设计成一个设备可以同时高效地运行多个虚拟系统，同时虚拟机是基于寄存器的，所有的类都经由 Java 编译器编译，然后通过 SDK 中的"dx"工具转化成 dex 格式由虚拟机执行。

Dalvik 虚拟机依赖于 Linux 内核的一些功能，比如线程机制和底层内存管理机制。

（5）Linux 内核

Android 基于 Linux2.6 内核提供的核心系统服务，例如：安全、内存管理、进程管理、网络协议栈和驱动模型。Linux 内核也同时作为硬件和软件栈之间的抽象层。

2. 搭建 Android 开发环境

（1）硬件配置

1）准备一台装有 Windows 的 PC，操作系统的版本最好在 Windows 7 以上。

2）一台安卓手机和安卓平板，主要用来做测试（如果条件允许，可准备多个品牌的安卓手机或者安卓平板，便于兼容性测试）。

（2）下载并安装 IntelliJ IDEA

1）在开发者官网中将鼠标移至 IDEs，选中 IntelliJ IDEA 界面如图 4-14 所示，选择一个合适的版本进行下载。注：以下截图均在联想小新笔记本计算机上获得。

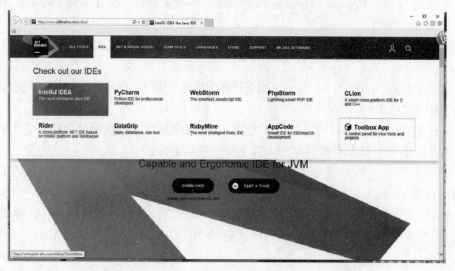

图 4-14　选中 IntelliJ IDEA 界面

2）单击图 4-14 下方的 download，进入会出现图 4-15 所示的界面，选择 Community 版即可，因 Ultimate 版本只有 30 天的试用期。

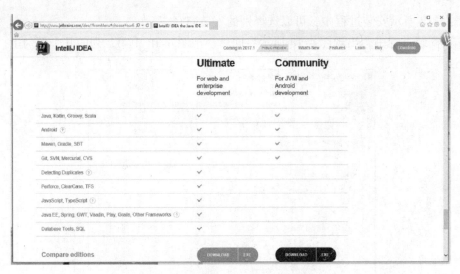

图 4-15　选择 Community 版本界面

3）单击图 4-15 下面的 Download 即可下载，大约 340M。下载完直接单击图 4-15 下面 exe 文件安装，在安装过程中，只需单击 next（下一步）即可，如图 4-16 和图 4-17 所示。

图 4-16　安装过程界面（一）

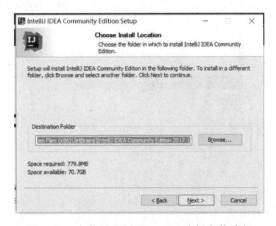

图 4-17　安装过程界面（二）选择安装路径

在图4-17所示安装过程中，可以选择别的安装路径。

4）在安装过程中，出现图4-18所示界面后，把图4-18中第二列的几个都勾上。

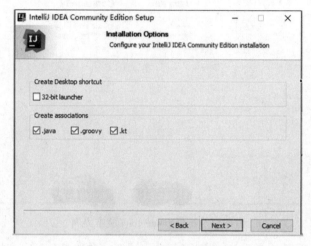

图4-18　选择开发组件界面

5）最后在图4-19中选择install安装，等待进度条完成，如图4-20和图4-21所示。安装完成后出现图4-22所示界面。

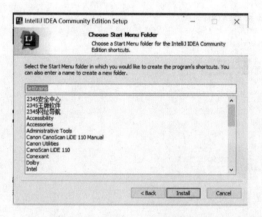

图4-19　选择install安装界面

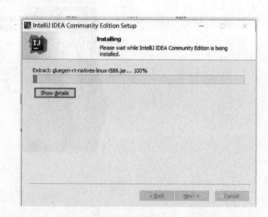

图4-20　安装进度条界面（一）

图4-21　安装进度条界面（二）

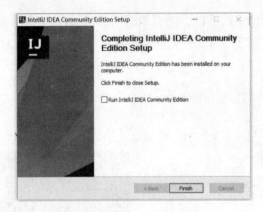

图 4-22　安装完成后的界面

（3）运行开发工具创建工程

1）在计算机浏览器上单击安装好的 intelliJ IDEA，如图 4-23 所示。

图 4-23　计算机浏览器上单击安装好的 intelliJ IDEA 图标

2）在图 4-24 所示界面上，选择没有导入设置。

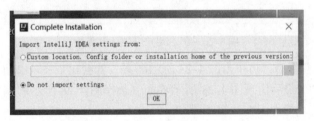

图 4-24　选择没有导入设置界面

3）在图 4-25 所示界面上，选择 Accept，同意协议。

图 4-25　选择 Accept 同意协议界面

4）接下来会提示用户安装插件，界面如图4-26所示。单击图4-26左下方的"Skip All and Set Defaults"跳过，插件可后续根据需要再进行安装。

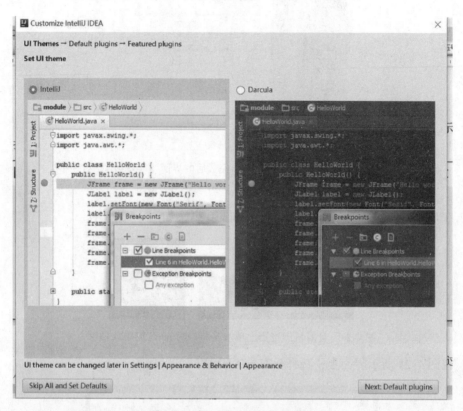

图4-26　提示用户安装插件界面

5）上述步骤设置好后，再单击图4-23所示图案，就会出现图4-27所示界面，看见下方的红线从左向右移动，最后出现图4-28所示界面。选择图4-28所示的"Create New Project"，便可开始从事开发安卓软件。

图4-27　打开intelliJ IDEA界面

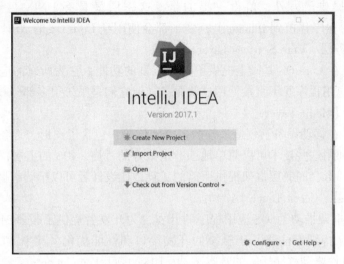

图 4-28　选择 Create New Project 界面

4.2.3　iOS 操作系统

iOS 是由苹果公司开发的操作系统。最初命名为 iPhone OS，直到 2010 年 6 月 7 日 WWDC 大会上宣布改名为 iOS。iOS 原先是设计给 iPhone 使用，后来陆续应用 iPod touch、iPad 以及 Apple TV 产品上。也就是说，iOS 是苹果所有移动产品的操作系统，也是目前全球最完善、生态环境最优秀的移动开发平台之一。

iOS 平台使用了构建 Mac OS X 时积累的知识，iOS 平台的许多工具和技术也源自 Mac OS X 平台。尽管它和 Mac OS X 很类似，但是即使没有 Mac OS X 开发经验也可以开发 iOS 程序。iOS SDK 提供了创建 iOS 应用程序所需要的环境和工具。

1. iOS 操作系统的层次架构

iOS 为应用程序开发提供了许多可使用的框架，并构成 iOS 操作系统的层次架构，如图 4-29 所示。

由图 4-29 可知，iOS 操作系统分为 4 层，从上到下依次为：Cocoa Touch Layer（可触摸层）、Media Layer（媒体层）、Core Services Layer（核心服务层）、Core OS Layer（核心操作系统层）。

（1）核心操作系统层（Core OS Layer）

Core OS 是用 Free BSD 和 Mach 所改写的 Darwin，是开源、符合 POSIX 标准的一个 UNIX 核心。这一层包含或者说是提

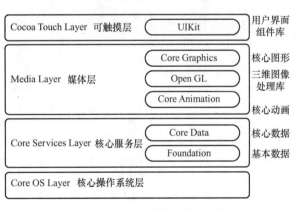

图 4-29　iOS 操作系统的层次架构

供了整个 iPhone OS 的一些基础功能，比如：硬件驱动、内存管理、程序管理、线程管理（POSIX）、文件系统、网络（BSD Socket）以及标准输入输出等，所有这些功能都会通过

C 语言的 API 来提供。另外,值得一提的是,这一层最具有 UNIX 色彩,如果需要把 UNIX 上所开发的程序移植到 iPhone 上,多半都会使用到 Core OS 的 API。

（2）核心服务层（Core Services Layer）

Core Services 在 Core OS 基础上提供了更为丰富的功能,它为所有的应用程序提供基础系统服务。可能应用程序并不直接使用这些服务,但它们是系统很多部分赖以建构的基础。

（3）媒体层（Media Layer）

Media 层为了在移动设备上创造最佳的多媒体体验,包含了图形、音频、视频等各种技术。更重要的是利用这些技术可以简单地创造出很好的程序。iOS 的上层框架可以轻松、快速地构建图像和图形,而底层框架提供所需的工具,让设计者可以精确掌握如何操作。

（4）可触摸层（Cocoa Touch Layer）

Cocoa Touch 框架推动了 iOS 应用程序的开发,为开发者提供了很多 Mac 平台上久经考验的模式,同时又特别专注于基于触摸的开发接口和性能优化。其中,UIKit 提供了开发 iOS 上的图形化事件驱动程序所需的基本工具。UIKit 基于 Foundation 框架,该框架同样存在于 Mac OS X 系统中,提供了文件处理、网络、字符串处理以及其他基础架构。

Cocoa Touch 是 Objective - C 的 API,其中最核心的部分是 UIKit Framework,应用程序界面上的各种组件,全是由它来提供呈现的,除此之外它还负责处理屏幕上的多点触摸事件、文字的输出、图片、网页的显示、相机或文件的存取以及加速感应的部分等。

2. 搭建 iOS 开发环境

（1）硬件配置

1）准备一台装有 Mac OS X 的 Mac Book,基于 Intel 的 Macintosh 计算机,操作系统的版本最好在 10.6.2 以上（IOS SDK 4 以上的版本对操作系统版本最低要求是 10.6.2）。

2）一台 iPhone,主要用来做测试。

（2）下载并安装 iOS SDK 及开发工具 Xcode

1）在开发者官网中单击 Develop,如图 4-30 所示,选择一个合适的版本进行下载。

图 4-30　开发者官网单击 Develop 显示界面

2）单击 download，进入会出现图 4-31 所示是否注册开发者账号，如有登录即可，如没有，可自行注册。

图 4-31　单击 download 显示提示界面

3）登录成功后，即可显示账户下可用的 iOS 开发的资源，如图 4-32 所示。

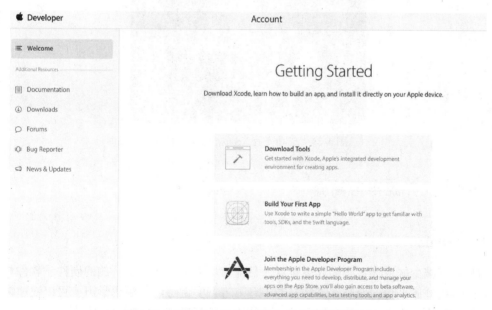

图 4-32　登录成功后显示可用 iOS 开发资源界面

4）在图 4-32 所示的资源里看到 Downloads，单击会进入下载 Xcode 界面，如图 4-33 所示。Xcode 是 iOS 开发的必备开发工具，当前最新版本是 8.3 beta4。因为 8.3 还是测试版本，用户可以选择最新的稳定版本 8.2.1 进行下载。

图 4-33　iOS 开发工具 Xcode 下载界面

5）这个文件大约 8G 左右，下载需要一段时间，下载完成单击即可完成安装，显示如图 4-34 所示。

图 4-34　成功安装 Xcode 工具显示界面

4.3　嵌入式开源平台简介

4.3.1　Arduino

为尽可能减少嵌入式系统的开发难度，目前市场上有一些技术开放的硬件、软件相结合的嵌入式系统开源平台，通过在这些开源平台上进行实例练习与源码学习，可以快速掌握嵌入式系统的组成、嵌入式微控制器及外设的使用，并可以结合实际应用需求实现一些功能较为完善的演示系统。其中 Arduino 嵌入式开源平台是非常适合初学者的入门平台，该平台最初主要基于 AVR 单片机的微控制器和相应的开发软件，目前在国内正受到电子爱好者和智能硬件开发人员的广泛关注。自从 2005 年 Arduino 推出以来，其硬件和开发环境一直进行着更新迭代。Arduino 嵌入式开源平台包含硬件（各种型号的 Arduino 板）和软件（Arduino IDE）。

它的硬件是一块以 Atmel AVR 单片机为核心的开发板和其他各种 I/O 板。软件包括一个标准编程语言开发环境和在开发板上运行的程序。

1. 认识 Arduino 电路板

目前市场上已有各式各样的版本 Arduino 的电路板。Arduino 开发团队正式发布的是 Arduino UNO、Genuino UNO 和 Arduino Mega 2560，如图 4-35a、b、c 所示。各种型号的 Arduino 电路板上的主要硬件组成见表 4-1。

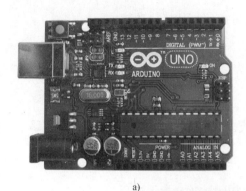

a)　　　　　　　　　　　　　　　　b)

c)

图 4-35　Arduino 电路板

a）Arduino UNO　b）Genuino UNO　c）Arduino Mega 2560

表 4-1　各种型号的 Arduino 电路板上的主要硬件组成

型　　号	UNO R3	MEGA 2560 R3	Duemilanove	Nano	Mini	Leonardo	Due
MCU	ATmega 328	ATmega 2560	ATmega 168/328	ATmega 168/328	ATmega 168/328	ATmega 32u4	AT91SA − M3X8E
工作电压/IO 电压/V	5	5	5	5	5	5	4.3
数字 IO	14	54	14	14	14	20	54
PWM	6	15	6	6	6	7	12
模拟输入 IO	6	16	6	8	8	12	12
时钟频率/MHz	16	16	16	16	16	16	84
Flash/KB	32	256	16/32	16/32	16/32	32	512
SRAM/KB	2	8	1/2	1/2	1/2	2.5	96
EEPROM/KB	1	4	512bytes/1	512bytes/1	512bytes/1	1	—
USB 接口芯片	ATmega 16u2	ATmega 16u2	FTDI FT232RL	FTDI FT232RL	—	—	—

表 4-1 中的 Duemilanove 属于早期产品，现已停产，但作为 Arduino 的早期入门产品仍具有一定的参考和学习价值，而 UNO R3 属于入门级产品，同时也是使用人数最多的一款，适合初学者使用。Nano 与 Duemilanove 功能一致，但体积更小，适用场合更为广泛，相比之下，Mini 为最小的 Arduino 产品，但需要外部的程序下载器的支持，Leonardo 可以模拟鼠标、键盘等 USB 外设，而 MEGA2560 位配置最高的 8 位 Arduino 产品，最后，Due 为 32 位产品，其性能最高，同时其 Flash 和 SRAM 配置也是最高的，用户可以根据自身需求选择相应的产品进行学习和练习。

下面以 Arduino UNO R3 为例，介绍 Arduino 电路板的接口功能。

（1）电源接口

Arduino UNO R3 有 3 种供电方式。

1）通过 USB 接口供电，电源电压为 5V。

2）通过 DC 电源输入供电，电源电压为 7 ~ 12V。

3）通过电源接口处供电，可选 5V 端口或 VIN 端口，5V 端口必须接 5V 电源，VIN 端口可接 7 ~ 12V 电源。

（2）指示灯

1）电源指示灯 ON，当 Arduino UNO R3 通电时，ON 指示灯亮。

2）串口发送指示灯 TX，当使用 USB 连接计算机且 Arduino 向计算机发送数据时，TX 指示灯亮。

3）串口接收指示灯 RX，当使用 USB 连接计算机且计算机向 Arduino 接收数据时，RX 指示灯亮。

4）可编程指示灯 L，该指示灯连接在 Arduino UNO R3 的 13 号引脚，当 13 号引脚为高电平或高阻态时，L 指示灯亮，为低电平时，L 指示灯灭。因此，可通过编程来控制 L 指示灯。

（3）复位按钮

按下复位按钮，Arduino 重新启动运行。

（4）数字输入输出接口

Arduino UNO R3 有 14 个数字 I/O 输入输出接口，其中一些带有特殊功能。

1）串口信号端。RX（0 号）、TX（1 号）：与内部 ATmega8U2 USB - to - TTL 芯片相连，提供 TTL 电压的串口接收信号。

2）外部中断（2 号和 3 号）：触发中断引脚，可设成上升沿、下降沿或同时触发。

3）6 路 8 位 PWM 输出：脉冲宽度调制 PWM（3、5、6、9、10、11）。

4）SPI 通信接口：SPI〔10（SS），11（MOSI），12（MISO），13（SCK）〕。

5）可编程指示灯 LED（引脚 13）：Arduino 专门用于测试 LED 的保留接口，输出为高时点亮 LED，输出为低时 LED 熄灭。

（5）6 个模拟输入接口

6 路模拟输入 A0 到 A5：每一路具有 10 位的分辨率（即输入有 1024 个不同值），默认输入信号范围为 0 ~ 5V，可以通过 AREF 调整输入上限。除此之外，有些引脚有特定功能。

TWI 接口（SDA A4 和 SCL A5）：支持通信接口（兼容 I2C 总线）。

（6）AREF

模拟输入信号的参考电压接线端。

（7）Reset

复位端，信号为低时复位单片机芯片。

（8）通信接口

1）串口通信：ATmega328 内置的 UART 可以通过数字口 0（RX）和 1（TX）与外部实现串口通信；ATmega16U2 可以访问数字口实现 USB 上的虚拟串口。

2）TWl（兼容 I2C）接口：TWI 两线通信接口，与 I2C 总线完全兼容的接口。

3）SPI 接口：用于 SPI 通信的接口。SPI 是 Serial Peripheral Interface（串行外设接口）的缩写。SPI 是一种高速的、全双工、同步的通信总线。

（9）下载程序

1）Arduino UNO 上的 ATmega328 已经预置了 BootLoader 程序，因此可以通过 Arduino 软件直接下载程序到 Arduino UNO 中。

2）可以直接通过 Arduino UNO 上 ICSPheader 直接下载程序到 ATmega328。

2. Arduino 平台的特点

Arduino 平台有以下特点。

（1）跨平台

Arduino IDE（集成开发环境）可以在 Windows、Macintosh OS X、Linux 三大主流操作系统上运行，而其他的大多数控制器只能在 Windows 上开发。

（2）开放性

Arduino 的硬件原理图、电路图、IDE 软件及核心库文件都是开源的，在开源协议范围内可以任意修改原始设计及相应代码。

（3）简单清晰

Arduino IDE 基于 processing IDE 开发。初学者极易掌握，同时有着足够的灵活性。Arduino 语言基于 wiring 语言开发，是对 avr - gcc 库的二次封装，不需要太多的单片机基础、编程基础，简单学习后可以快速地进行开发。

（4）发展迅速

Arduino 不仅仅是全球最流行的开源硬件之一，也是一个优秀的硬件开发平台，更是硬件开发的趋势。Arduino 简单的开发方式使得开发者更关注创意与实现，更快地完成自己的项目开发，大大节约了学习的成本，缩短了开发的周期。

3. Arduino 开发环境的搭建

（1）下载并安装 Arduino IDE

打开计算机浏览器，在百度上单击"Arduino IDE 下载"，出现许多能提供该软件下载的网站，如图 4-36 所示。

注：以下截图均在联想小新笔记本计算机上获得。

选择图 4-36 中的第一个网站，在百度网盘上下载 Arduino IDE，出现图 4-37 所示的界面。

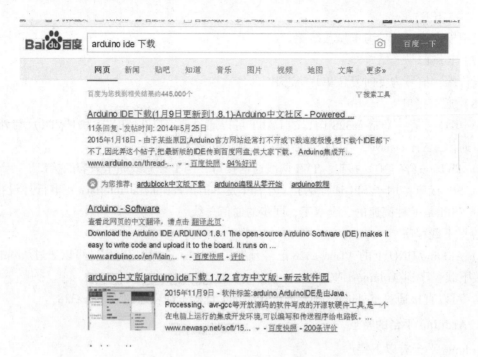

图 4-36　提供 Arduino IDE 下载的网站

图 4-37　在百度网盘上下载 Arduino IDE

下载完成后, 出现图 4-38 所示的界面。

图 4-38　下载完成后出现的界面

图 4-38 所示一共下载了 5 个文件, 任意打开其中一个文件的文件夹, 出现图 4-39 所示的界面。

arduino-1.8.1-linux32.tar	2017/3/12 15:27	好压 XZ 压缩文件	99,927 KB
arduino-1.8.1-linux64.tar	2017/3/12 15:26	好压 XZ 压缩文件	98,685 KB
arduino-1.8.1-macosx	2017/3/12 15:27	好压 ZIP 压缩文件	151,733 KB
arduino-1.8.1-windows	2017/3/12 15:26	应用程序	91,528 KB
arduino-1.8.1-windows	2017/3/12 15:26	好压 ZIP 压缩文件	162,046 KB

图 4-39　下载了 5 个文件后的文件夹界面

如图 4-39 所示，5 个文件中有 4 个压缩包，1 个应用程序；这 5 个文件分别支持 Windows、Macintosh OS X、Linux 三大主流操作系统。单击并安装图 4-39 中的 "arduino‐1.8.1‐windows" 应用程序，出现图 4-40 所示的界面。

单击图 4-40 中 "安装" 字样进行程序安装，安装好 Arduino IDE 后，计算机浏览器上出现图 4-41 所示的图案。

图 4-40　安装应用程序界面　　　　　　图 4-41　计算机浏览器上出现 Arduino 图案

（2）下载并安装 Arduino 开发板的驱动程序

用 USB 线将 Arduino 开发板与计算机连接，此时 Arduino 开发板的电源指示灯亮（绿色），可编程指示灯闪亮（黄色），如图 4-42a、b 所示。

a)　　　　　　　　　　　　　　　b)

图 4-42　用 USB 线将 Arduino 开发板与计算机连接
a) 用 USB 线连接　b) 电源指示灯亮，串口指示灯亮

打开计算机浏览器，双击 "控制面板" → "硬件和声音" → "设备管理器"，如图 4-43 所示。

单击 "设备管理器" → "端口（COM LPT）"，应该会看到一个名为 "Genuino Uno（COM3）" 的开放端口，如图 4-44 所示。

用鼠标右键单击 "Genuino Uno（COM3）" 端口项，然后选择 "自动搜索更新的驱动程序软件" 选项，如图 4-45 所示。随后，选择图 4-45 中 "浏览计算机以查找驱动程序软件" 选项，并安装驱动程序软件，出现图 4-46 和图 4-47 所示的界面。

图 4-43　计算机浏览器上"硬件和声音"界面　　　　图 4-44　Genuino Uno（COM3）端口界面

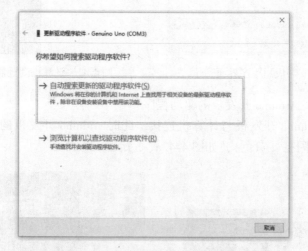

图 4-45　自动搜索更新的驱动程序软件界面

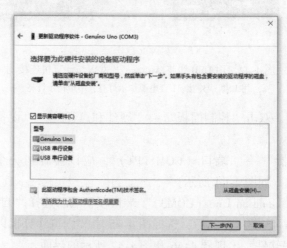

图 4-46　安装驱动程序界面

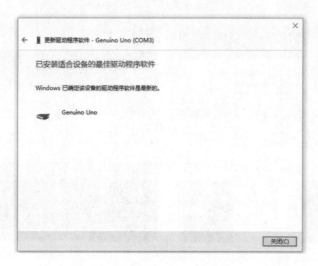

图 4-47 驱动程序安装好后的界面

（3）启动 Arduino 软件（IDE）

1）在计算机浏览器，双击 Arduino 软件，出现 IDE 界面，如图 4-48 所示。

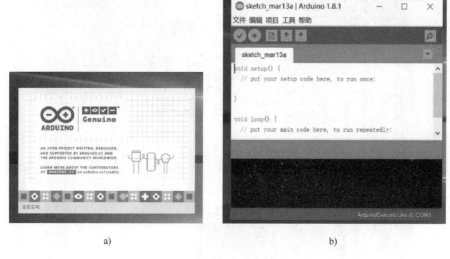

a)   b)

图 4-48 IDE 界面

a）开始启动画面 b）启动后的画面

从图 4-48b 所示的 IDE 界面看，新建一个文件后 IDE 自动在里面添加了两个函数，一个是 setup（），另一个是 loop（）。这两个函数就是 Arduino 程序的基本框架。setup 用来做初始化，只运行一次。loop 是一个循环，控制程序的效果，loop 里面的程序会重复执行。

2）选用示例。Arduino IDE 中包含了很多现成的例子，可以直接选用。下面用一个简单的 Blink 程序实现 LED 灯闪烁的效果。如图 4-48b 所示，在文件菜单中，选择示例→01. Basics→Blink，如图 4-49 所示，可以打开示例程序 Blink。

3）选择开发板。在图 4-49 所示的工具栏中选择开发板（Arduino/Genuino Uno），如图 4-50 所示。

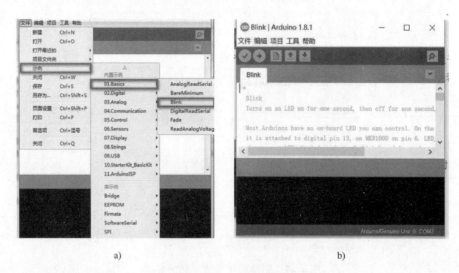

a)   b)

图 4-49   Blink 程序显示界面

a）操作过程   b）显示程序

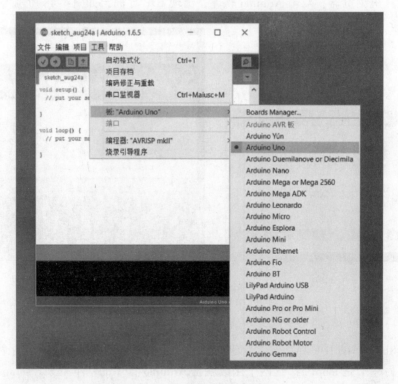

图 4-50   单击工具栏后的界面

4）选择串行端口。在图 4-49b 所示的工具栏中选择"端口"→ 串行端口 COM3 Arduino/Genuino Uno。

5）上传程序。单击图 4-49b 所示符号（上传按钮），稍等片刻，就会看到板子上面标有 RX 和 TX 的 LED 灯在闪，如图 4-51 所示。

a)   b)

图 4-51   标有 RX 和 TX 的 LED 灯在闪

a）上传程序前   b）程序运行后

如果上传成功，状态栏会出现"上传成功"的字样，如图 4-52 所示。

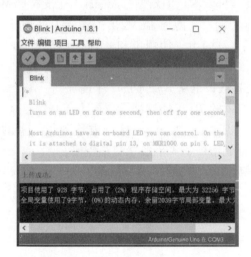

图 4-52   出现"上传成功"的字样

上传完之后，开发板子上 13 号针脚（L）的 LED 开始在闪。这证明上传成功了，已经把 Genuino 和 Arduino 软件（IDE）运行起来了。

4.3.2   树莓派

树莓派（Raspberry Pi）简写为 RPi，是一款基于 Linux 的单板机计算机，由英国的树莓派基金会开发。2012 年 3 月，英国剑桥大学埃本·阿普顿（Eben Epton）正式发售世界上最小的台式机，又称为卡片式计算机，外形只有信用卡大小，却具有计算机的所有基本功能，这就是 Raspberry Pi 计算机板，中文译名"树莓派"。这一基金会以提升学校计算机科学及相关学科的教育，让计算机变得有趣为宗旨。基金会期望这一款计算机无论是在发展中国家还是在发达国家，会有更多的其他应用不断被开发出来，并应用到更多领域。

树莓派配备一枚博通（Broadcom）出产的 ARM 架构 700MHz BCM2835 处理器，256MB

内存（B型已升级到512MB内存），使用SD卡为内存硬盘，且拥有一个10/100以太网接口（A型没有网口）、2或4个USB接口，可连接键盘、鼠标和网线，同时拥有视频模拟信号的电视输出接口和HDMI高清视频输出接口，以上部件全部整合在一块主板上，具备所有PC的基本功能只需接通电视机（或显示器）和键盘，就能执行如电子表格、文字处理、玩游戏和播放高清视频等诸多功能。Raspberry Pi B款只提供计算机板，无内存、电源、键盘、机箱或连线。树莓派的生产是通过有生产许可的三家公司 Element 14/Premier Farnell、RS Components 及 Egoman。这三家公司都在网上出售树莓派。

树莓派基金会提供了基于 ARM 架构的 Debian、ArchLinux 和 Fedora 等的发行版供大众下载，还计划提供支持 Python 作为主要编程语言，支持 Java、BBC BASIC（通过 RISC OS 映像或者 Linux 的"Brandy Basic"克隆）、C 和 Perl 等编程语言。.

树莓派基金会于2014年7月和11月树莓派分别推出B+和A+两个型号；B+和A+两个型号的主要区别是：Model A 没有网络接口，将4个USB端口缩小到1个。另外，相对于 Model B 来讲，Model A 内存容量有所缩小，并具备了更小的尺寸设计。Model A 可以说是 Model B 廉价版本。虽说是廉价版本，但新型号 Model A 也支持同 Model B 一样的 MicroSD 卡读卡器、40-pin 的 GPI 连接端口、博通 BCM2385 ARM11 处理器、256MB 的内存和 HDMI 输出端口。从配置上来说，model B+ 使用了和 model B 相同的 BCM2835 芯片和512MB 内存，但和前代产品相比较，B+版本的功耗更低，接口也更丰富。model B+ 将通用输入、输出引脚增加到了40个，USB 接口也从 B 版本的2个增加到了4个，除此之外，model B+ 的功耗降低了约0.5~1W，旧款的 SD 卡插槽被换成了更美观的推入式 microSD 卡槽，音频部分则采用了低噪供电。从外形上来看，USB 接口被移到了主板的一边，复合视频移到了4.5mm 音频口的位置，此外还增加了4个独立的安装孔。

2016年2月发布了树莓派3，较前一代树莓派2，树莓派3的处理器升级为了64位的博通 BCM2837，并首次加入了 WiFi 无线网络及蓝牙功能，树莓派系列产品配置如表4-2所示。树莓派 B 型、树莓派 B 型3代的外形如图4-53和图4-54所示，引脚功能如图4-55所示。

图4-53　树莓派 B 型的外形

图 4-54　树莓派 B 型 3 代的外形

Raspberry Pi B+ J8 Header

Pin#	NAME		NAME	Pin#
01	3.3v DC Power		DC Power 5v	02
03	GPIO02 (SDA1 , I2C)		DC Power 5v	04
05	GPIO03 (SCL1 , I2C)		Ground	06
07	GPIO04 (GPIO_GCLK)		(TXD0) GPIO14	08
09	Ground		(RXD0) GPIO15	10
11	GPIO17 (GPIO_GEN0)		(GPIO_GEN1) GPIO18	12
13	GPIO27 (GPIO_GEN2)		Ground	14
15	GPIO22 (GPIO_GEN3)		(GPIO_GEN4) GPIO23	16
17	3.3v DC Power		(GPIO_GEN5) GPIO24	18
19	GPIO10 (SPI_MOSI)		Ground	20
21	GPIO09 (SPI_MISO)		(GPIO_GEN6) GPIO25	22
23	GPIO11 (SPI_CLK)		(SPI_CE0_N) GPIO08	24
25	Ground		(SPI_CE1_N) GPIO07	26
27	ID_SD (I2C ID EEPROM)		(I2C ID EEPROM) ID_SC	28
29	GPIO05		Ground	30
31	GPIO06		GPIO12	32
33	GPIO13		Ground	34
35	GPIO19		GPIO16	36
37	GPIO26		GPIO20	38
39	Ground		GPIO21	40

图 4-55　树莓派 B + 的引脚功能

表 4-2　树莓派系列产品配置

型号	A 型	A + 型	B 型	B + 型	B 型 2 代	B 型 3 代
SOC 配置	博通 BCM2835				博通 BCM2836	博通 BCM2837
CPU	ARM 1176JZF－S 核心（ARM11 系列）700MHz				ARM Cortex－A7（ARMv7 系列）900MHz（四核心）	ARM Cortex－A53（ARMv8 系列）1.2GHz（四核心）
GPU	Brcadcom VideoCore IV，OpenGL ES2.0，1080p 30 h.264/MPEG－4 AVC 高清解码器					
内存	256MB		256、512MB		1024MB LPDDR2	
USB2.0 个数	1		2		4	
视频输入	15－针头 MIPI 相机（CSI）界面，可被树莓派相机或无红外线版的树莓派相机使用					
视频输出	视频用 RCA 端子（仅 1 代 B 型有此接口）（PAL&NTSC）、HDMI（1.3 和 1.4），HDMI 界面的分辨率为 640×350 至 1920×1200（PAL &NTSC）					
音频输入	I²S					
音频输出	4.5mm 插孔，HDMI 电子输出或 I²S					
板载存储	SD/MMC/SDIO 卡插槽	MicroSD 卡插槽	SD/MMC/SDIO 卡插槽		MicroSD 卡插槽	
网络接口	没有（需通过 USB）		10/100Mbit/s 以太网接口（RJ45 接口）		RJ45 接口，支持 802.11n 无线网络及蓝牙 4.1	
外设	8 个 GPIO、UART、I²C、带两个选择的 SPI 总线	14 个 GPIO 及 HAT 规格铺设	拥有 A 型的所有外设，还有 4 个 GPIO 供用户选用		14 个 GPIO 及 HAT 规格铺设	
额定功率	1.5W（5V/300mA）	1W（5V/200mA）	4.5W（5V/700mA）	4.0W（5V/600mA）	4.0W（5V/800mA）	
电源输入	5V 电压（通过 Micro USB 或经 GPIO 输入）					

4.4　C 语言基础

4.4.1　C 语言概述

C 语言是一种计算机程序设计语言。它既有高级语言的特点，又具有汇编语言的特点。它可以作为系统设计语言，编写工作系统应用程序，也可以作为应用程序设计语言，编写不依赖于计算机硬件的应用程序。因此，它的应用范围很广泛。

C 语言最早是由贝尔实验室的 Dennis Ritchie 为了 UNIX 的辅助开发而编写的，它是在 B 语言的基础上开发出来的。尽管 C 语言不是专门针对 UNIX 操作系统或机器编写的，但它与 UNIX 系统的关系十分紧密。由于 C 语言的硬件无关性和可移植性，它逐渐成为世界上使用最广泛的计算机语言。

为了进一步规范 C 语言的硬件无关性，1987 年，美国国家标准化协会（ANSI）根据 C 语言问世以来的各种版本对 C 语言的发展和扩充制定了新的标准，称为 ANSI C。ANSI C 比原来的标准 C 语言有了很大的进步，目前流行的 C 编译系统都是以它为基础的。

不同系列的单片机有不同的 C 语言编译器，它们是在标准 C 语言的基础上，根据单片机的硬件结构及内部资源进行扩展的，如 C51 编程语言是适合 51 系列的单片机；C430 编程语言只适合 MPS430 系列的单片机。

1. C 语言特点

C 语言具有如下特点。

1）简洁紧凑、使用方便。C 语言一共只有 32 个关键字，9 种控制语句，程序书写形式自由，主要用小写字母表示，压缩了一切不必要的成分。

2）运算符丰富。C 的运算符包含的范围很广泛，共有 34 个运算符。C 语言把括号、赋值、强制类型转换等都作为运算符处理。从而使 C 的运算类型极其丰富，表达式类型多样化，灵活使用各种运算符可以实现在其他高级语言中难以实现的运算。

3）数据结构丰富。C 语言的数据类型有整型、实型、字符型、数组类型、指针类型、结构体类型和共用体类型等，能用来实现各种复杂的数据类型的运算，并引入了指针概念，使程序效率更高。另外 C 语言具有强大的图形功能，支持多种显示器和驱动器，且计算功能、逻辑判断功能强大。

4）C 语言是结构式语言。结构式语言的显著特点是代码及数据的分隔化，即程序的各个部分除了必要的信息交流外彼此独立。这种结构化方式可使程序层次清晰，便于使用、维护和调试。C 语言是以函数形式提供给用户的，这些函数可方便地调用，并具有多种循环、条件语句控制程序流向，从而使程序完全结构化。

5）C 语法限制不太严格，程序设计自由度大。虽然 C 语言也是强类型语言，但它的语法比较灵活，允许程序编写者有较大的自由度。

6）C 语言允许直接访问物理地址，可以直接对硬件进行操作。C 语言既具有高级语言的功能，又具有低级语言的许多功能，能够像汇编语言一样对位、字节和地址进行操作，而这三者是计算机最基本的工作单元，可以用来写系统软件。

7）C 语言适用范围广，可移植性好。C 语言适合多种操作系统，如 Dos、Windows、Linux 等，也适合多种体系结构。

2. C++ 与 C 语言的区别

C++ 是 C 语言的升级版。C++ 保留了 C 语言原有的所有优点，并增加了面向对象的机制。也可以说 C++ 是一种面向对象的编程语言，而 C 是一种面向过程的编程语言，Arduino 一般使用 C/C++ 语言编写程序。

C++ 中最重要的一个概念就是"类"，有了类才有面向对象的程序设计。"类"是学习 C++ 语言的核心，是 C++ 初学者必须要攻克的难关。C 语言中没有类，因此，概念上是一个飞跃。

C 语言中函数的原型申明是被建议的，但调用处后面的函数的确可以不申明。C++ 中则不论函数定义的先后，必须事先申明。另一方面，局部变量的定义，C 语言要求必须在函数体的开始部分，某一语句之后再定义变量是错误的，而 C++ 则没有这一限制。

C 语言中，字符常量被当作整数，而 C++ 语言中不是，字符常量就当作字符。这虽然很小，但却是重要的一点。

C 语言中全局变量多次定义虽不好，却不出错。C++ 语言中则出错。

C 语言命名限制在 31 个有效字符，C++ 语言中没有限制，但太长了使用不方便。

C 语言中 main（）函数也能被调用，当然这不是好方法。C++ 语言中 main（）被禁止调用。

C 语言中不能取寄存器变量的地址，C++ 语言中可以。

C 语言中没有 bool 类型，wchar_t 是宏定义，C++ 语言中增加了 bool 基本类型和 wchar_t 扩展类型。

C 语言中用结构体定义变量时，"struct 结构体名 变量名"，在 C++ 中 "struct" 可以省略。

3. C 语言和 Java 的区别

由于 Java 可以算是从 C++ 发展而来的，因此 Java 与 C 语言的语法比较类似。从某种程度上来说，编程语言都是由语法和相应的程序库所构成，Java 有自身的类库，C 语言则有标准库。所谓的编程就是使用与语法来调用和组合程序库中的函数。

不同的地方如下所述。

（1）内存管理

在 Java 中，基本不用考虑内存的问题，如果想用一个对象，new 一个就可以，这个过程的背后则是 JRE 为对象分类的一定内存，当 JRE 发现用户不再使用这个对象的时候，就会自动回收内存，也就是说 "你只管借东西，不用管归还"，因为 "有人当你的跟班，在你不使用的时候就把东西归还了"，不过这个过程还是有的，只不过是 JRE 作的而已。

但是 C 则不同，如果想用，可以用 malloc 之类的方法申请内存，当用户使用完了，因为没有 "跟班的"，用户需要自己把这块内存归还回去，也就是调用 free 方法来完成这个任务。由于需要显式的归还内存，因此当一个函数需要将一块内存返回给调用者的时候，问题就比较复杂了，不如面向对象和具有内存回收功能的 Java 那么直观。对于这个问题，在 C 语言中，有几种解决方案：1）在调用者中先分配好内存，作为参数传入到被调用的函数中；2）在被调用的函数中分配，使用完后在调用者中释放；3）在被调用函数中使用 static 变量，可以将该变量返回。

（2）面向对象

Java 的面向对象的特点很明显，而 C 则是一个地道的结构化语言。Java 中有一个字符串类 String，通过调用 String. length（）就可以知道字符串的长度，但是在 C 语言中，则需要调用函数 strlen（str）来得到字符串（字符数组）的长度。由于 C 不是面向对象的语言，也就没有 this 的概念，因此当使用一个与某个 "东西" 相关的函数时，就需要不厌其烦地将代表这个 "东西" 的变量作为参数传递进去。

（3）名称空间

Java 通过包（package）来实现名称空间，在 C 语言中，所有的函数都处于同一名称空间，也就是没有名称空间，因此就会很多程序提供的 api 接口函数都有一个前缀，例如

MYSQL 的 mysql_init( )、mysql_real_connect( )、mysql_real_query( ) 等函数名称前面的 mysql_。

4. 4. 2　C 语言的标识符与关键字

1. 标识符

标识符用来识别源程序中某个对象的名字，这些对象可以是语句、数据类型、函数、变量、常量和数组等。标识符由字母、数字和下划线组成。第一个字符必须是字母或下划线，随后的字符必须是字母、数字或下划线。例如，count data、text2 是正确形式，而 2count 是错误形式。

C 语言对大小写字符敏感，所以在编写程序时要注意大小写字符的区别。例如，对于 sec 和 SEC 这两个标识符来说，C 语言会认为它们是两个完全不同的标识符。

2. 关键字

关键字是一种具有固定名称和特定含义的标识符，由于系统已对这些标识符进行了定义，程序就不能再次定义，需要加以保留。用户不能将关键字用作自己定义的标识符。

C 语言中，关键字主要有以下 3 类。

1）数据类型关键字：auto、char、const、double、enum、extern、float、int、long、register、sizeof、short、static、typedef、union、unsigned、void 和 volitile。

2）程序控制关键字：break、case、continue、default、do、else、for、goto、if、return、switch 和 whlie。

3）预处理功能关键字：define、endif、elif、ifdef、ifndef、include、line 和 undef。

4. 4. 3　C 语言程序结构

下面通过一个简单的 C 语言程序，介绍它的基本构成和书写格式，使读者对 C 语言程序有一个初步了解。

求三个数的平均值

```
main(  )                 /* main( )称为主函数
{
    float a,b,c,ave;        /* 定义 a,b,c,ave 为实型数据 */
    a = 7;
    b = 9;
    c = 14;
    ave = (a + b + c)/3;    /*计算平均值 */
    printf("ave = % f\n",ave);   /* 在屏幕上输出 ave 的值 */
}
```

程序运行结果：

    ave = 10

以上示例说明 C 语言程序结构有以下特点。

1）C 语言程序是由函数组成的，每一个函数完成相对独立的功能，函数是 C 语言程序的基本模块单元，C 语言程序结构如图 4-56 所示。main 是主函数名，函数名后面的一对花括号"｛｝"，包含在花括号内部的部分称为函数体。函数以左花括号"｛"开始，到右花括号"｝"结束。花括号必须成对出现，不能省略。

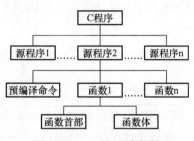

图 4-56　C 语言程序结构

2）一个函数由函数的首部与函数体两部分组成。函数的首部是指函数的第一行，包括函数类型、函数名、函数参数类型、函数参数（形参）名。一个函数名后面必须跟一对圆括弧，函数参数则可以没有，如 main（　）函数。如果在一个函数内有多对花括号，则最外层花括号为函数体范围。为了使程序便于阅读和理解，花括号对可以采用缩进方式。

3）每个变量必须先定义，再使用。在函数内定义的变量为局部变量，只可以在函数内部使用，又称为内部变量。在函数外部定义的变量为全局变量，在定义的那个程序文件内使用，可称为外部变量。

4）每条语句最后必须以一个";"分号结束，分号是 C 语言程序的重要组成部分。

5）程序的注释必须放在"/ * …… * /"（注释多行）之内，也可以放在"//"（注释一行）之后。

6）C 语言程序没有行号，书写格式自由，一行内可以写多条语句，一条语句也可以写在多行上。

4.4.4　C 语言的数据类型

数据类型是按照规定形式表示数据的一种方式，不同的数据类型占用空间也不同。C 语言的数据类型可以分为基本类型、构造类型、指针类型和空类型，如图 4-57 所示。

1. 基本数据类型

基本数据类型最主要的特点是，其值不可以再分解为其他类型。也就是说，基本数据类型是自我说明的。它包括字符类型（char）、整型（int）、短整型（short）、长整型（long）和浮点型（float）。

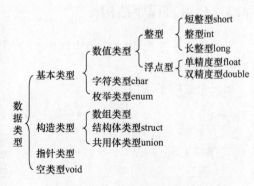

图 4-57　C 语言的数据类型

2. 构造数据类型

构造数据类型是根据已定义的一个或多个数据类型用构造的方法来定义的。也就是说，一个构造类型的值可以分解成若干个"成员"或"元素"。每个"成员"都是一个基本数据类型或又是一个构造类型。在 C 语言中，构造类型有以下几种：数组类型、结构体类型、共用体（联合）类型。

3. 指针数据类型

指针是一种特殊的，同时又是具有重要作用的数据类型。其值用来表示某个变量在内存储器中的地址。虽然指针变量的取值类似于整型量，但这是两个类型完全不同的量，因此不能混为一谈。

4．空数据类型

在调用函数值时，通常应向调用者返回一个函数值。这个返回的函数值是具有一定的数据类型的。但是，也有一类函数，调用后并不需要向调用者返回函数值，这种函数可以定义为"空类型"。其类型说明符为 void。

4.4.5　C 语言的运算符及表达式

C 语言具有丰富的运算符，运算符是完成各种运算的符号，表达式是由运算符与运算对象组成的具有特定含义的式子。表达式语句是由表达式及后面的分号"；"组成，C 语言程序就是由运算符和表达式组成的各种语句组成的。

C 语言使用的运算符包括赋值运算符、算术运算符、逻辑运算符、关系运算符、加 1 和减 1 运算符、位运算符、逗号运算符、条件运算符、指针地址运算符、强制转换运算符和复合运算符等。

各种运算符及表达式的详细介绍请参考 C 语言专业书。

4.4.6　C 语言的函数

在 4.4.3 中曾介绍过 C 语言程序结构，一个 C 语言程序是由一个主函数和若干个子函数构成的，主函数是程序执行的开始点，由主函数调用子函数，子函数还可以再调用其他子函数。

1．函数的定义

（1）函数定义的语法形式

类型标识符　函数名(形式参数表)
{
语句序列；
}

（2）函数的类型和返回值

类型标识符规定了函数的类型，也就是函数的返回值类型。函数的返回值是需要返回给主调函数的处理结果，由 return 语句给出，例如：return 0。

无返回值的函数其类型标识符为 void，不必写 return 语句。

（3）形式参数与实际参数

函数定义时填入的参数称为形式参数，简称为形参。它们同函数内部的局部变量作用相同。形参的定义是在函数名后的括号中。调用时替换的参数是实际参数，简称为实参。定义的形参与调用函数的实参类型应该一致，书写顺序应该相同。

2．函数的声明

调用函数之前首先要在所有函数外声明函数原型，声明形式如下：

类型说明符　被调函数名（含类型说明的形参表）；

一旦函数原型声明之后，该函数原型在本程序文件中任何地方都有效，也就是说在本程序文件中任何地方都可以依照该原型调用相应的函数。

3. 函数的调用

在一个函数中调用另外一个函数称为函数的调用,调用函数的方式一般有 3 种。

(1) 作为语句调用

把函数作为一个语句,函数无返回值,只是完成一定的操作。例如:fun1( );

(2) 作为表达式调用

函数出现在一个表达式中。例如:y = add(a, b) + sub(m, n);

(3) 作为参数调用

函数调用作为一个函数的实参。例如:m = max(a, max(b, c));

max(a, b) 是一次函数调用,它的返回值作为函数 max 另一次调用的实参。最后 m 的值为变量 a、b、c 三者中值最大者。

4. 内部函数和外部函数

一个 C 语言程序可以由多个函数组成,这些函数可以在一个程序文件中,也可以分布在多个不同的程序文件中,根据这些函数的使用范围,又可以把它们分为内部函数和外部函数。

(1) 内部函数

如果一个函数只能被本文件内的其他函数所调用,称为内部函数。在定义内部函数时,函数名和函数类型的前面加 static。内部函数的定义一般格式为:

static 类型标识符函数名 (形参表)

(2) 外部函数

在声明函数时,如果在函数首部的最左端冠以关键字 extern,则表示此函数是外部函数,可供其他文件调用,其定义格式为:

extern 类型标志符函数名 (形参表)

4.4.7 结构化程序设计

计算机软件工程师通过长期的实践,总结出一套良好的程序设计规则和方法,即结构化程序设计。按照这种方法设计的程序具有结构清晰、层次分明、易于阅读修改和维护的特点。

结构化程序设计的基本思想是任何程序都可以用 3 种基本结构的组合来实现。这 3 种基本结构是顺序结构、选择结构和循环结构,如图 4-58 ~ 图 4-60 所示。

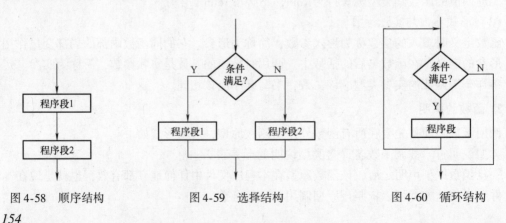

图 4-58 顺序结构   图 4-59 选择结构   图 4-60 循环结构

顺序结构的程序流程是按照书写顺序依次执行的程序；选择结构则是对给定的条件进行判断，再根据判断的结果决定执行哪一个分支；循环结构是在给定条件成立时反复执行某段程序。

这 3 种结构都具有一个入口和一个出口。在 3 种结构中，顺序结构是最简单的，它可以独立存在，也可以出现在选择结构或循环结构中。

1. 顺序结构

顺序结构是从前往后依次执行语句。整体看所有的程序，顺序结构是基本结构，只不过中间某个过程是选择结构或是循环结构，执行完选择结构或循环结构后程序又按顺序执行。总之，程序都存在顺序结构。在顺序结构中，函数、一段程序或者语句是按照出现的先后顺序执行的。

2. 选择结构

选择结构又称为选取结构或分支结构，其基本特点是程序的流程由多路分支组成。在程序的一次执行过程中，根据不同的条件，只有一条分支被选中执行，而其他分支上的语句被直接跳过。C 语言提供的选择结构语句有两种：条件语句和开关语句。

（1）条件语句

条件语句（if 语句）用来判定条件是否满足，根据判定的结果决定后续的操作，主要有以下 3 种基本形式。

1）if（表达式）语句。

2）if（表达式）语句 1；

　　　else 语句 2

3）if（表达式 1）语句 1；

　　　else if（表达式 2）语句 2；

　　　　elseif（表达式 3）语句 3；

　　　　　else 语句 4　　　　，

（2）开关语句

开关语句（switch 语句）用来实现多方向条件分支的选择。虽然可用条件语句嵌套实现，但是使用开关语句可使程序条理分明，提高可靠性，其格式如下：

```
switch(表达式)
{
    case 常量表达式 1:语句 1;break;
    case 常量表达式 2:语句 2;break;
    case 常量表达式 3:语句 3;break;
    ……
    case 常量表达式 n:语句 n;break;
    default:语句 n+1;
}
```

3. 循环语句

循环语句主要用来进行反复多次操作，主要有 3 种语句，其格式如下：

1）for（表达式1；表达式2；表达式3）语句。

2）while（条件表达式）语句。

3）do 循环体语句 while（条件表达式）。

另外，还需介绍在循环语句控制中用到的两个重要关键字：break 和 continue。在循环语句中，break 的作用是在循环体中测试到应立即结束循环条件时，控制程序立即跳出循环结构，转而执行循环语句后的语句；continue 的作用是结束本次循环，一旦执行了 continue 语句，程序就跳过循环体中位于该语句后的所有语句，提前结束本次循环周期，并开始新一轮循环。

4.5　实训 4　学会应用 Arduino 开发工具

1. 实训目的

1）熟悉 Arduino 开发板。

2）学会搭建 Arduino 开发环境。

3）学会调试 Arduino 语言程序。

2. 实训场地

学校实验室。

3. 实训步骤与内容

1）准备一块 Arduino 开发板。

2）搭建 Arduino 开发环境。

3）按图 4-61 所示连接 LED 灯与 Arduino 开发板。

4）编写 LED 灯循环控制程序。LED 灯闪烁 3 次，延时 3s 后，进入循环。

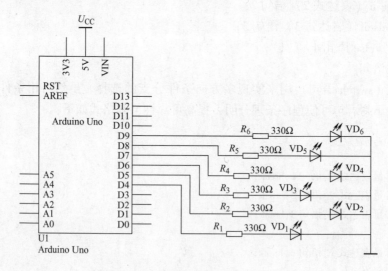

图 4-61　连接 LED 灯与 Arduino 开发板

4. 实训报告

写出实训报告，包括遇到的问题及心得体会。

4.6 思考题

1. 什么是嵌入式系统？嵌入式系统一般由哪几部分构成？
2. 举例说明嵌入式系统、嵌入式处理器、嵌入式微处理器的关系。
3. 简述 Linux 操作系统的主要特性。
4. 结合 Arduino 官方指导手册的实例，在 Arduino 开发平台上进行一次完整的操作。
5. 熟悉 Arduino 开发平台的硬件组成和软件开发流程。

第5章 智慧家庭终端的开发

本章要点

- 了解确立选题的原则与方法。
- 熟悉开发智慧家庭终端的流程。
- 掌握智慧家庭终端开发的规范管理。
- 熟悉传统产品的智能化升级案例。

5.1 选题调研

5.1.1 确立选题的意义

凡是从事开发智慧家庭终端科技人员，首先要确定开发什么样的终端？也就是通常说的选题。爱因斯坦曾经说过，"提出问题往往比解决问题更重要"。正确而又合适的选题对于从事产品开发科技人员来说具有重要意义。

1. 选题决定产品的价值

选题的过程是一个创新思维的过程。一个好的选题需要经过多方思索、互相比较、反复推敲、精心策划。一个好的选题能够革新产业，创造财富。例如长虹正式推出 Q5N 等人工智能电视新品，可实现电冰箱、空调、空气净化器、音响、灯光、窗帘、安防和厨房等设备的互联互通，通过电视大屏显示、智能语音操控，让用户得到系统的整体智能生活体验；同洲电子推出的 4K 智能网关，能够依托同洲智慧家庭全业务融合平台，通过一台设备实现视频通信、购物、游戏、VR、互动直播、家庭金融、家庭安防和家庭医疗等多种服务；北京博广通联技术有限公司推出的乐 me 智慧家庭影音中心是一款集机顶盒、WiFi 音箱、卡拉OK、照片管家和万能遥控等为一体的家庭互动娱乐智能终端。

2. 选题可弥补知识储备不足

在确定题目之前，总是要大量地接触、收集、整理和研究资料，从对资料的分析、选择中确定自己的开发项目。随着资料的积累，创新思维的渐进深入，会发现自己的知识不够齐备。在这种情况下，就可以根据开发项目的需要来补充、收集有关的资料，有针对性地弥补知识储备的不足。这样一来，选题的过程也成了学习新知识，拓宽知识面，加深对问题理解的好时机。

3. 选题有利于提高自身的创新能力

人的创新能力包括创新思维与创新技能两个方面。创新思维是指"如何想"，比如"为什么要这样？""如果采用了某个器件，结果会怎样？"，各种问题会激发新的见解、新的可能性和新的方向。创新能力是指"怎样做"，创新思维要以专业知识为基础，但专业知识的丰富并不一定表明该人创新能力很强。有的人书读得不少，可是忽视创新能力的培养，结果不会动手研发一种产品来。可见，知识并不等于能力，创新能力不会自发产生，必须在使用知识的实践中，即开发项目的实践中，自觉地加以培养和锻炼才能获得和提高。

5.1.2 选题的原则

1. 需要性原则，即目的原则

需要性原则也称为目的原则，这是选题的首要和基本原则，体现了产品开发的目的性。这里所谓需要，包括两个方面：一是根据人的需求，要以人为本。消费者有什么需求，我们就开发什么产品，这是它的社会意义；二是根据人工智能技术发展的需要，这是它的科研意义，或者二者兼有。

2. 可行性原则，即条件原则

智能产品开发是一种探索性、创造性活动，总要受到一定条件限制。选题时，应注重可行性原则，否则就是空谈，纸上谈兵，好高骛远，不能体现脚踏实地。可行性原则是决定选题能否成功的关键。开发一种智能产品，必须从开发者的主、客观条件出发，选择有利于开发的题目。如果一个课题不具备必要的条件，无论社会如何需要，如何先进，如何科学，没有实现的可能，课题也是徒劳，选题等于零。

3. 科学性原则，即合理原则

选题必须以先进的科学理论和科学事实作依据。只有坚持科学性，才能把握事物的本质和规律。坚持科学性原则，就是说所开发产品必须符合智慧家庭发展的需要，体现健康、低碳、智能、舒适、安全和充满关爱的个性化家居生活方式。同时所开发产品是利用物联网、云计算、移动互联网和大数据等新一代信息技术，开发成为一种具有高集成度、高性能的嵌入式系统智能硬件。

4. 创新性原则，即价值原则

创新性原则是指选题要有新颖性、先进性，有所发明、有所发现，其设计经验与技巧等是有独创性和突破性。如目前智慧家庭发展大部分还处在两个阶段：一是单品控制的 1.0 阶段；二是单一品牌、单一场景的 2.0 阶段。2017 年 4 月 1 日，海尔与中国电信、华为三方签署战略合作协议，共同研发基于新一代 NB - IoT 技术的物联网智慧生活方案。NB - IoT 技术可协助海尔通过家庭网关、触控面板等物联网设备，连通家庭安防、娱乐、生活在内的所有智慧生活场景网器，实现智慧家用电器的互联互通，让人、家用电器、服务三张网串联起来，打造全场景互联互通的 3.0 时代。另外智慧家庭的创新除硬件创新外，还包括服务的创新，如智慧水电管理、智慧食品加工与配送、情绪灯光与音乐、住家美容、智慧教育与儿童成长等老百姓直接感知的创新性产品。

5. 效益性原则，即实用原则

所谓实用性指该项产品可预见的社会效益、经济效益以及该项产品的应用意义与推广前景。开发任何一种智慧家庭终端，其实用性主要体现在安全、节能、智能、网络等层面，如果不能解决上述几个层面的关键问题，则开发出来的产品就不会有社会效益与经济效益，也没有应用意义与推广前景。

智慧家庭终端以其对通信技术、计算技术、人机交互技术等的高度集成和对设计、工艺、芯片、器件、显示、电源、软件开发等诸多技术领域的广泛辐射，正在成为大众创业、万众创新的重要选题。

5.1.3 确立选题的方法

1. 展会筛选法

展会筛选法是指就近多参观一些智慧家庭博览会、智能硬件展览会等，通过参观考察，比较同类产品的不同之处，在别人产品的基础上，更深入地探寻解决问题的思路、方法和技术等问题。这是产品开发选题的常用方法之一。如 2017 年中国智慧家庭博览会就有十大生态场景，即智慧娱乐、智慧安防、智慧照明与光线、智慧空气/水、智慧教育、智慧养老与健康、智慧厨房与饮食、智能家居控制、VR/AR、家庭机器人。开发人员可在这十个方面筛选适合自己开发项目。

2. 信息检索法

信息检索法是指从信息资源中查找到适合自己的选题。当今社会是信息社会，信息是一种重要资源。开发项目选题一般需要经历从信息到问题、再从问题到项目立项。其中信息主要来自生活生产实践、国内外科技动态和文献著作。开发人员要有敏锐的观察力才能获取到有效信息，通过信息搜索和综合分析发现问题，并要考虑项目"是否有创新性"和"有没有条件"研究，从主客观条件进行正确分析，最终找到适合自己开发项目。

3. 需求调查法

需求调查法是指深入到客户或消费者中，了解客户或消费者对产品的需求，也可利用网络查询等方式，获取用户需求。

需求指购买商品或服务的愿望和能力。需求可以分为单个需求和市场需求。单个需求指单个消费者对某种商品的需求；市场需求指消费者全体对某种商品需求的总和。需求不等于需要。形成需求有 3 个要素：对物品的偏好，物品的价格和支付物品的能力。一个没有支付能力购买物品的意愿并不构成需求。

开发人员可根据需求来初步确认选题时，还需要考虑以下问题：

1）我开发的产品能解决什么问题？这些问题真的是消费者急需要解决的吗？

2）消费者愿意为我的开发的产品付费？愿意付多少费用？

3）是否有竞争对手？我开发的产品从性价比方面比竞争对手强多少？

4）是否有风险？我开发产品的可行性，成功率是多少？

实际这些问题的来源就是消费者的需求。消费者的需求往往是多方面的、不确定的，需要去调查分析。通过调查分析发现消费者购买产品的欲望、用途、功能、款式，然后快速淘汰不好的主意，确定切合实际的选题。

5.1.4 选题立项的程序

科研单位或一个研发团队对任何一种产品开发都先要通过申请、审核、审批等流程，然后再确定能否立项，建立一个项目课题。

1. 选题申请

选题来源主要有：单位内个人申请立项开发的课题；上级安排的科研项目；外单位委托公司承担或合作的科研项目；单位领导和技术例会、质量例会提出的攻关课题等。

2. 填报立项申请书

立项申请书一般包括以下内容：项目名称、产品开发的背景、产品的可行性分析（产品的适用范围和前景、参考了哪些国家标准、产品的功能简介、设计和实现上还会有哪些问题）、硬件设计要求、硬件配置等，或在网上下载新产品开发立项申请表。

3. 选题评审

评审由技术管理部组织，技术副总经理主持，有关单位领导和专家参加，对每个选题进行评审，做出评审结论，对确定立项的选题经技术副总经理审批后，作为计划（草案）编制依据。

评审主要内容：研究的迫切性与重要性；技术先进性、适应性和可靠性；技术后果的危害性；成功的概率；经济效益和社会效益。

4. 确定选题负责人

经技术管理部审查同意后，各申报单位确定课题负责人。

5. 编写任务书

编写选题设计、计划任务书，按期送交技术管理部。选题设计、计划任务书的基本内容包括：选题来源，选题研究的目的、意义，国内外水平概况预期目标和技术经济效果，技术关键及试验研究内容，计划进度和采取主要措施，需购置的设备、仪器，经费预算及来源，协作单位及任务分工。

6. 完成立项

上级安排的科研项目、承担的外单位科研项目及公司领导提出的攻关课题，由技术管理部确定课题负责单位。

5.2 开发智慧家庭终端的流程

5.2.1 基本流程

智能硬件开发的基本过程如下所述。

1. 明确总体需求

先要明确硬件总体需求情况，如 CPU 处理能力、存储容量及速度，I/O 端口的分配、接口要求、电平要求、特殊电路（厚膜等）要求等。

2. 制定总体方案

根据需求分析制定硬件总体方案，寻求关键器件及电路的技术资料、技术途径、技术支持，要比较充分地考虑技术可能性、可靠性以及成本控制，并对开发调试工具提出明确的要求。关键器件索取样品。

3. 作硬件和单板软件的详细设计

总体方案确定后，作硬件和单板软件的详细设计，包括绘制硬件原理图、单板软件功能框图及编码、PCB 布线，同时完成发物料清单。

4. 焊接电路板并调试

领回 PCB 及物料后由焊工焊好 1～2 块单板，作单板调试，对原理设计中的各功能进行调测，必要时修改原理图并作记录。

5. 软硬件系统联调

软硬件系统联调，一般的单板需硬件人员、单板软件人员的配合，特殊的单板（如主机板）需比较大型软件的开发，参与联调的软件人员更多。一般地，经过单板调试后在原理及 PCB 布线方面有些调整，需第二次投板。

6. 内部验收

内部验收及转中试，硬件项目完成开发过程。

5.2.2 开发流程详解

硬件开发流程对硬件开发的全过程进行了科学分解，规范了硬件开发的五大任务。即：硬件需求分析；硬件总体设计；硬件开发及过程控制；系统联调；文档归档及验收申请。

1. 硬件需求分析

项目组接到任务后，首先要做的硬件开发工作就是要进行硬件需求分析，撰写硬件需求规格说明书。硬件需求分析在整个产品开发过程中是非常重要的一环，硬件工程师更应对这一项内容加以重视。一项产品的性能往往是由软件和硬件共同完成的，哪些是由硬件完成，哪些是由软件完成，项目组必须在需求时加以细致考虑。

硬件需求分析主要有下列内容：

1）系统工程组网及使用说明。

2）基本配置及其互连方法。

3）运行环境。

4）硬件系统的基本功能和主要性能指标。

5）功能模块的划分。

6）关键技术的攻关。

7）外购硬件的名称、型号、生产单位和主要技术指标。

8）主要仪器设备。

9）可靠性、稳定性、电磁兼容讨论。

10）电源、工艺结构设计。

11）硬件测试方案。

2. 硬件总体设计

硬件总体设计的主要任务就是从总体上进一步划分各单板的功能以及硬件的总体结构描述，规定各单板间的接口及有关的技术指标。硬件总体设计主要有下列内容：

1）系统功能及功能指标。

2）系统总体结构图及功能划分。

3）单板命名。

4）系统逻辑框图。

5）组成系统各功能块的逻辑框图、电路结构图及单板组成。

6）单板逻辑框图和电路结构图。

7）关键技术讨论。

8）关键器件。

从上可见，硬件开发总体方案把整个系统进一步具体化。硬件开发总体设计是最重要的环节之一。总体设计不好可能出现致命的问题，造成的损失有许多是无法挽回的。

3. 硬件开发及过程控制

一个好的产品，特别是大型复杂产品，总体方案进行反复论证是不可缺少的。只有经过多次反复论证的方案才可能成为好方案。

总体审查包括两部分，一是对有关文档的格式，内容的科学性，描述的准确性以及详细情况进行审查。再就是对总体设计中技术合理性、可行性等进行审查。如果评审不能通过，项目组必须对自己的方案重新进行修订。

硬件总体设计方案通过后即可着手关键器件的申购，主要工作由项目组来完成。关键器件落实后即要进行结构电源设计、单板总体设计。

单板总体设计需要项目与 CAD 配合完成。单板总体设计过程中，对电路板的布局、走线的速率、线间干扰以及 EMI 等的设计应与 CAD 室合作。CAD 室可利用相应分析软件进行辅助分析。单板总体设计完成后，出单板总体设计方案书。单板总体设计主要包括下列内容：

1）单板在整机中的位置。

2）单板尺寸。

3）单板逻辑图及各功能模块说明。

4）单板软件功能描述。

5）单板软件功能模块划分。

6）接口定义及与相关板的关系。

7）重要性能指标、功耗及采用标准。

8）开发用仪器仪表等。

每个单板都要有总体设计方案，且要经过总体办和管理办的联系评审。否则要重新设计。只有单板总体方案通过后才可以进行单板详细设计。

单板详细设计包括两大部分，即单板软件详细设计和单板硬件详细设计。

单板软、硬件详细设计，要遵守公司的硬件设计技术规范，必须对物料选用以及成本控制等加以注意。

单板详细设计要撰写单板详细设计报告。

详细设计报告必须经过审核通过。单板软件的详细设计报告由管理办组织审查，而单板硬件的详细设计报告则要由总体办、管理办、CAD 室联合进行审查，如果审查通过，方可进行 PCB 设计，如果通不过，则返回硬件需求分析处，重新进行整个过程。这样做的目的在于让项目组重新审查一下，某个单板详细设计通不过是否会引起项目整体设计的改动。

如单板详细设计报告通过，项目组一边要与计划处配合准备单板物料申购，一方面进行PCB设计。PCB设计需要项目组与CAD室配合进行，PCB原理图是由项目组完成的，而PCB画板和投板的管理工作都由CAD室完成。PCB有专门的PCB样板流程。PCB设计完成后，就要进行单板硬件过程调试，调试过程中要注意多记录、总结、勤于整理，写出单板硬件过程调试文档。当单板调试完成，项目组要把单板放到相应环境进行单板硬件测试，并撰写硬件测试文档。如果PCB测试不通过，要重新投板，则要由项目组、管理办、总体办和CAD室联合决定。

4. 系统联调

在结构电源、单板软硬件都已完成开发后，就可以进行联调，撰写系统联调报告。联调是整机性能提高、稳定的重要环节，认真周到的联调可以发现各单板以及整体设计的不足，也是验证设计目的是否达到的唯一方法。因此，联调必须预先撰写联调计划，并对整个联调过程进行详细记录。只有对各种可能的环节验证到才能保证机器走向市场后工作的可靠性和稳定性。联调后，必须经总体办和管理办，对联调结果进行评审，看是不是符合设计要求。如果不符合设计要求将要返回去进行优化设计。

如果联调通过，项目要进行文件归档，把应该归档的文件准备好，经总体办、管理办评审，如果通过，才可进行验收。总之，硬件开发流程是硬件工程师规范日常开发工作的重要依据，全体硬件工程师必须认真学习。

5.3 智能硬件开发的规范管理

智能硬件开发的基本过程应遵循硬件开发流程规范文件执行，不仅如此，硬件开发涉及技术的应用、器件的选择等，必须遵照相应的规范化措施才能达到质量保障的要求。这主要表现在，技术的采用要经过总体组的评审，器件和厂家的选择要参照物料认证部的相关文件，开发过程完成相应的规定文档，另外，常用的硬件电路（如ID. WDT）要采用通用的标准设计。

5.3.1 硬件开发流程文档

硬件开发的规范化是一项重要内容。硬件开发规范化管理是在公司的《硬件开发流程》及相关的《硬件开发文档规范》《PCB投板流程》等文件中规划的。

硬件开发流程是指导硬件工程师按规范化方式进行开发的准则，规范了硬件开发的全过程。硬件开发流程制定的目的是规范硬件开发过程控制，硬件开发质量，确保硬件开发能按预定目的完成。

硬件开发流程不但规范化了硬件开发的全过程，同时也从总体上规定了硬件开发所应完成的任务。作为一名硬件工程师深刻领会硬件开发流程中各项内容，在日常工作中自觉按流程办事是非常重要的。所有硬件工程师应把学流程、按流程办事、发展完善流程、监督流程的执行作为自己的一项职责，为公司的管理规范化做出的贡献。

5.3.2　硬件开发文档规范

为规范硬件开发过程中文档的编写，明确文档的格式和内容，规定硬件开发过程中所需文档清单，与《硬件开发流程》对应制定了《硬件开发文档编制规范》。开发人员在写文档时往往会漏掉一些该写的内容，编制规范在开发人员写文档时也有一定的提示作用。列出以下文档的规范：

1）硬件需求说明书。
2）硬件总体设计报告。
3）单板总体设计方案。
4）单板硬件详细设计。
5）单板软件详细设计。
6）单板硬件过程调试文档。
7）单板软件过程调试文档。
8）单板系统联调报告。
9）单板硬件测试文档。
10）硬件信息库。

5.3.3　硬件开发文档编制规范详解

1. 硬件需求说明书

硬件需求说明书描写硬件开发目标、基本功能、基本配置、主要性能指标、运行环境、约束条件以及开发经费和进度等要求，它的要求依据是产品规格说明书和系统需求说明书。它是硬件总体设计和制订硬件开发计划的依据。

具体编写的内容有：硬件整体系统的基本功能和主要性能指标、硬件分系统的基本功能和主要性能指标以及功能模块的划分等。

2. 硬件总体设计报告

硬件总体设计报告是根据需求说明书的要求进行总体设计后出的报告，它是硬件详细设计的依据。编写硬件总体设计报告应包含以下内容：

系统总体结构及功能划分，系统逻辑框图、组成系统各功能模块的逻辑框图，电路结构图及单板组成，单板逻辑框图和电路结构图，以及可靠性、安全性、电磁兼容性讨论和硬件测试方案等。

3. 单板总体设计方案

在单板的总体设计方案定下来之后应出这份文档，单板总体设计方案应包含单板版本号，单板在整机中的位置、开发目的及主要功能，单板功能描述、单板逻辑框图及各功能模块说明，单板软件功能描述及功能模块划分、接口简单定义与相关板的关系，主要性能指标、功耗和采用标准。

4. 单板硬件详细设计

在单板硬件进入到详细设计阶段，应提交单板硬件详细设计报告。在单板硬件详细设计中应着重体现：单板逻辑框图及各功能模块详细说明，各功能模块实现方式、地址分配、控制方式、接口方式、存储器空间、中断方式、接口引脚信号详细定义、时序说明、性能指标、指示灯说明、外接线定义、可编程器件图、功能模块说明、原理图、详细物料清单以及单板测试、调试计划。有时候一块单板的硬件和软件分别由两个开发人员开发，因此这时候单板硬件详细设计便为软件设计者提供了一个详细的指导，因此单板硬件详细设计报告至关重要。尤其是地址分配、控制方式、接口方式、中断方式是编制单板软件的基础，一定要详细写出。

5. 单板软件详细设计

在单板软件设计完成后应相应完成单板软件详细设计报告，在报告中应列出完成单板软件的编程语言、编译器的调试环境、硬件描述与功能要求及数据结构等。要特别强调的是：要详细列出详细的设计细节，其中包括中断、主程序、子程序的功能、入口参数、出口参数、局部变量、函数调用和流程图。在有关通信协议的描述中，应说明物理层、链路层通信协议和高层通信协议由哪些文档定义。

6. 单板硬件过程调试文档

开发过程中，每次所投 PCB，工程师应提交一份过程文档，以便管理阶层了解进度，进行考评，另外也给其他相关工程师留下一份有参考价值的技术文档。每次所投 PCB 时应制作此文档。这份文档应包括以下内容：单板硬件功能模块划分、单板硬件各模块调试进度、调试中出现的问题及解决方法、原始数据记录、系统方案修改说明、单板方案修改说明、器件改换说明、原理图、PCB 图修改说明、可编程器件修改说明、调试工作阶段总结、调试进展说明、下阶段调试计划以及测试方案的修改。

7. 单板软件过程调试文档

每月收集一次单板软件过程调试文档或调试完毕（指不满一月）收集尽可能清楚，完整列出软件调试修改过程。单板软件过程调试文档应当包括以下内容：单板软件功能模块划分及各功能模块调试进度、单板软件调试出现问题及解决、下阶段的调试计划、测试方案修改。

8. 单板系统联调报告

在项目进入单板系统联调阶段，应出单板系统联调报告。单板系统联调报告包括这些内容：系统功能模块划分、系统功能模块调试进展、系统接口信号的测试原始记录及分析、系统联调中出现问题及解决、调试技巧集锦、整机性能评估等。

9. 单板硬件测试文档

在单板调试完之后，申请内部验收之前，应先进行自测以确保每个功能都能实现，每项指标都能满足。自测完毕应出单板硬件测试文档，单板硬件测试文档包括以下内容：单板功能模块划分、各功能模块设计输入输出信号及性能参数、各功能模块测试点确定、各测试参考点实测原始记录及分析、板内高速信号线测试原始记录及分析、系统 I/O 口信号线测试原始记录及分析、整板性能测试结果分析。

10. 硬件信息库

为了共享技术资料，希望建立一个共享资料库，每一块单板都希望将最有价值、最有特色的资料归入此库。硬件信息库包括以下内容：典型应用电路、特色电路、特色芯片技术介绍、特色芯片的使用说明、驱动程序的流程图、源程序、相关硬件电路说明、PCB 布板注意事项、单板调试中出现的典型及解决、软硬件设计及调试技巧。

5.3.4 硬件开发相关的流程文件

与硬件开发相关的流程主要有下列几个：项目立项流程、项目实施管理流程、软件开发流程、系统测试工作流程和中试接口流程。

1. 项目立项流程

这是为了加强立项管理及立项的科学性而制定的。其中包括立项的论证、审核分析，以期做到合理进行开发，合理进行资源分配，并对该立项前的预研过程进行规范和管理。立项时，对硬件的开发方案的审查是重要内容。

2. 项目实施管理流程

主要定义和说明项目在立项后进行项目系统分析和总体设计以及软硬件开发和内部验收等的过程和接口，并指出了开发过程中需形成的各种文档。该流程包含着硬件开关、软件开发、结构和电源开发、物料申购并各分流程。

3. 软件开发流程

与硬件开发流程相对应的是软件开发流程，软件开发流程是对大型系统软件开发规范化管理文件，流程目的在对软件开发实施有效的计划和管理，从而进一步提高软件开发的工程化、系统化水平，提高×××公司软件产品质量和文档管理水平，以保证软件开发的规范性和继承性。软件开发与硬件结构密切联系在一起，一个系统的软件和硬件是相互关联着的。

4. 系统测试工作流程

该流程规定了在开发过程中系统测试过程，描述了系统测试所要执行的功能，输入、输出的文件以及有关的检查评审点。它规范了系统测试工作的行为，以提高系统测试的可控性，从而为系统质量保证提供一个重要手段。

项目立项完成，成立项目组的同时要成立对应的测试项目组。在整个开发过程中，测试可分为单元测试、集成测试、系统测试三个阶段。测试的主要对象为软件系统。

5. 中试接口流程

中试涉及中央研究部与中试部开发全过程。中研部在项目立项审核或项目立项后以书面文件通知中试部，中试部以此来确定是否参与该项目的测试及中试准备的相关人选，并在方案评审阶段参与进来对产品的工艺、结构、兼容性及可生产性等问题进行评审，在产品开发的后期，项目组将中试的相关资料备齐，提交《新产品准备中试联络单》，由业务部、总体办、中研计划处审核后，提交中试部进行中试准备，在项目内部验收后转中试，在中试过程中出现的中试问题由中试部书面通知反馈给项目组，进行设计调整直至中试通过。

由上可见，中试将在产品设计到验收后整个过程都将参与，在硬件开发上，也有许多方面要提早与中试进行联系，甚至中试部直接参与有关的硬件开发和测试工程。

6. 内部验收流程

制定的目的是加强内部验收的规范化管理，加强设计验证的控制，确保产品开发尽快进入中试和生产并顺利推向市场。项目完成开发工作和文档及相关技术资料后，首先准备测试环境，进行自测，并向总体办递交《系统测试报告》及项目验收申请表，总体办审核同意项目验收申请后，要求项目组确定测试项目，并编写《测试项目手册》。测试项目手册要通过总体办组织的评审，然后才组成专家进行验收。

由上可见，硬件开发过程中，必须提前准备好文档及各种技术资料，同时在产品设计时就必须考虑到测试。硬件设计流程图如表 5-1 所示，软件设计流程图如表 5-2 所示。

表 5-1　硬件设计流程图

阶段	流　程　图	表　单
硬件需求评估	硬件需求分析(包括技术风险评估) → 硬件开发计划和配置管理计划 → 硬件测试计划	硬件需求分析报告 硬件开发计划 硬件测试计划
硬件详细设计	详细硬件设计 → 内部设计评审 → PCB毛坯图设计 ← 关键器件采购 ← LCD认证流程	硬件详细设计说明书 硬件电路原理图 硬件 BOM 硬件设计内部评审记录
硬件实现测试	PCB布板流程 → 投板前审查 → 硬件调试 → 硬件内部评审 → 硬件修改 → 评审后发布并归档；软件 → 打样、试产 → PCB贴片 → 整机测试	PCB 数据 器件规格书 硬件子系统软件 装配图 硬件单元测试分析报告 电装总结报告 硬件系统测试版本 硬件系统测试分析报告 硬件评审验证报告 发布版本

表 5-2　软件设计流程图

阶段	流 程 图	表 单
软件需求分析	软件需求分析(包括技术风险评估) 软件开发计划和配置管理计划 软件测试计划	软件需求规格书 软件开发计划 软件开发风险控制计划 软件测试计划
软件详细设计	详细软件设计 内部设计评审	软件详细设计说明书 软件接口设计说明书 软件设计内部评审记录
软件实现测试	编码调试 单元测试 ← 编写测试用例 软件集成/调试 发布系统测试版本 → 软件系统测试 软件修订 评审后发布并归档	单元源代码 单元调试报告 单元测试用例 单元测试分析报告 集成后的软件及源代码 软件集成调试报告 软件操作手册 系统测试软件 系统测试用软件文档 软件系统测试分析报告 发布版本

5.4　传统产品的智能化升级案例

5.4.1　智能保险箱

　　智能保险箱是一种具有网络安全功能的保险箱。它把传统的被动式报警转化为主动式防御，把它安装在具备 WiFi 网络的环境下，就能实现手机端的远程对接，实时检测保险箱的使用情况，具有入侵报警、对使用者进行拍照、语音警告、远程授权等功能，使用起来安全、快捷、可靠。得力 16686 型智能保险箱的外形如图 5-1 所示。

1. 产品特点

　　1）内置 3DES 加密码算法，保护客户密码信息安全。每台保险箱对应一个唯一的 ID 号，以确保用户的合法性。

　　2）触摸保险箱面板上的指纹图案可唤醒面板并使保险箱自动连接 WiFi。当保险箱按键无效或离线时，可触摸唤醒保险箱。

　　3）内置 200 万像素摄像头，可以对使用者进行拍照。

4）内置重力加速度感应传感器，可以对震动、搬动、跌落进行检测。

5）内置扬声器，可以进行语音提示，当非法侵入时可以发出语音报警或高音报警。

6）内置 WiFi 模块，可以进行远程的操作与监控，也可通过 WiFi 进行无线升级。

7）内置锂电池，在外界环境断电的情况下可以继续进行工作。保险箱面板会显示电池剩余电量。当电量低于 20% 时，保险箱推送"电池电量不足"的消息至绑定的手机。按键面板被唤醒，若保险箱屏幕显示"– C –"，表示正在充电；若显示"FULL"，表示电池已经充满。充电过程大概需要14 小时以上，充满一次大致可使用 3～6 个月。

8）可以进行远程的临时授权。单击"临时授权"可随机生成 8 位临时密码（有效时间为2min），用临时密码开保险箱时，临时密码只能使用一次或 2min 后失效。

9）支持外部临时供电。

10）支持温、湿度检测。

图 5-1　得力 16686 型智能保险箱的外形

2. 硬件设计要求

采用统一的 Arm 架构硬件平台，功能化、模块化设计尤其是针对配置需求中需要选配的参数（WiFi，摄像头），在设计时应考虑可分拆，设计时在考虑满足硬件基本配置需求的情况下，尽量考虑性能指标的可升级性及可扩展性。

在设计时考虑可生产性，对一些关键元器件选型，尽量考虑用公司目前在用的，并尽量选用市面上通用器件，尽量减少定制元器件。

智能保险箱电路板上的主要硬件配置见表 5-3。系统硬件框图如图 5-2 所示。杭州空灵智能科技有限公司为得力智能保险箱定制的电路板如图 5-3 所示。

表 5-3　智能保险箱电路板上的主要硬件配置

项　目	名称或型号
CPU	Arm32 位处理器
显示	8 位 8 段数码显示
键盘	有 10 个数字键，2 个功能键（#、*），键盘使用寿命应达到每键可敲击 300000 次以上。
摄像头	200 万像素
重力感应传感器	三轴重力加速传感器
温度检测	支持 0～100℃测温
湿度检测	支持湿度检测
WiFi	支持 805.11b/g/n 协议
语音	支持语音报警（可选）
蜂鸣器	支持高音报警

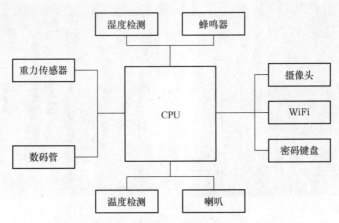

图 5-2　智能保险箱电路板上的硬件框图

图 5-3　得力智能保险箱的电路板

5.4.2　智能净水器

杭州空灵智能有限公司出品的智能净水器是在传统净水器的基础上，运用物联网技术与智能控制技术等实现语音控制、温度监测控制、温度报警、水位控制和水位监控报警等功能的净水器，智能净水器通过软件程序的设置，可以智能判断净水器的水质变化，实现自动冲洗，自动排污，智能识别净水器滤芯剩余使用时间，并适时提醒更换滤芯。

智能净水器是东磁加爱净水器实现智能化产品升级，在净水器原有的控制面板上组装空灵的智能线路板，完成智能升级。可将水质 TDS 值、滤芯生命周期、漏水报警、原水缺水等通过手机 App 直观的告知用户及商家，从而确保用户的饮水质量。东磁加爱 TDS 智能 RO 净水器如图 5-4 所示。

1. 产品特点

1）采用进口高效反渗透 RO 膜技术，经过五级净化处理，可有效去除水中细菌、病毒、水垢和重金属等有害物质。

2）TDS 在线监测，实时监测净水器处理效果。当 TDS 值超过 20 时，净水器将智能停水，并在软件 APP 中提醒用户：因水质差已停水，请更换滤芯！

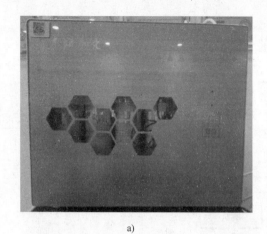

a)   b)

图 5-4　东磁加爱 TDS 智能 RO 净水器

a) 正面　b) 内部

3）动态智能多级滤芯更换提示，便捷掌控，确保水质安全始终如一。滤芯到期前一周将短信提醒用户："您的净水器 X 级滤芯 7 天后就到期了！"；滤芯到期时向用户推送消息："您的净水器 X 级换芯到期了，请及时更换滤芯。"

4）漏水报警。当设备发生漏水状况时，以弹出消息的形式提示用户，以避免险情。

5）原水缺水提醒：当设备缺水时，将以弹出消息的形式提示用户"因原水缺水，您的净水器停止工作。"

6）设备故障时，用户可以在软件 APP 中一键报修，客服人员通过后台即可看到报修信息并及时安排维护人员。用户甚至可以跟踪到每次维修人员的姓名、联系电话、维修时间等信息，并对维修服务进行评价。

7）内置 WiFi 模块，可以用手机智能操作与监控。

2. 硬件设计要求

智能净水器采用统一的 ARM 架构硬件平台，功能化、模块化设计尤其是针对配置需求中需要选配的参数（TDS 水质传感器），在设计时充分考虑到可分拆，设计时在考虑满足硬件基本配置需求的情况下，尽量考虑性能指标的可升级性及可扩展性。

智能净水器电路板上的主要硬件配置见表 5-4。系统硬件结构框图如图 5-5 所示。杭州空灵智能科技有限公司定制的空气卫士电路板如图 5-6 所示。

表 5-4　东磁加爱智能净化水器电路板上的主要硬件配置

名　称	规　格		
CPU	ARM32 位处理器		
显示	数码管		
触摸开关	触摸按键，用于控制操作		
TDS 传感器	电导率：0.00 ~ 20.00ms/cm	5μs（40 ~ 2000μs）	±1% Fs
	TDS：0.00 ~ 10.00g/L	5mg/L（20 ~ 1000mg/L）	±1% Fs
	温度：0.0 ~ 99.5℃/32 ~ 212℉	0.5℃/1℉	±0.5℃/±1℉

名 称	规 格
适用水质	市政自来水
工作压力	0. 05 ~ 0. 6MPa
环境温度	5 ~ 38℃
冲洗模式	手动冲洗
WiFi 模块	支持 805. 11b/g/n 协议
产品尺寸	415 * 130 * 390 （mm）
出水水质	符合国家卫生部《生活饮用水水质卫生规范》（2001）

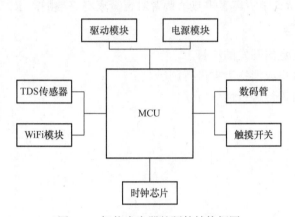

图 5-5　智能净水器的硬件结构框图

a)

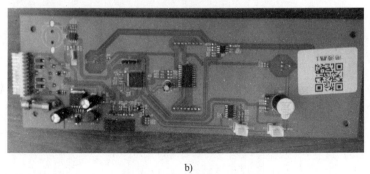

b)

图 5-6　智能净水器电路板实物

a）正面　b）背面

5.5　实训5　学会填写立项申请书

1. 实训目的

1）了解选题立项的程序。

2）熟悉产品开发流程。

3）掌握立项申请书的主要内容。

2. 实训场地

深入到客户或消费者中了解客户或消费者对智慧家庭终端的需求。

3. 实训步骤与内容

1）分小组讨论有意向开发的项目。

2）带着项目到客户或消费者中进行调研。

3）调研后对项目进行可行性分析。

4. 实训报告

填写立项申请书。

5.6　思考题

1. 简述确立选题的意义与原则。

2. 开发智慧家庭终端的基本流程是什么？

3. 智慧家庭终端开发有哪些规范文档？

第6章 智慧家庭终端开发案例

本章要点

- 熟悉纳乐智能家居产品的设计理念。
- 熟悉纳乐网关的功能定位。
- 掌握纳乐网关主要电路设计。
- 掌握纳乐空气卫士3.0主要电路设计。

6.1 纳乐智能家居产品的设计理念

　　智能家居是一个系统性工程，它涉及计算机技术、网络通信技术、人工智能技术和综合布线技术等多种高新技术，同时涉及人们生活的方方面面，智能家居系统功能已涵盖智能照明、智能家用电器、家庭能源管理、家庭安防监控、家庭环境调节、家庭娱乐和养老保健等多个领域。

　　智能家居产品是智能家居系统中的重要载体，它具备信息采集、处理和连接能力，并可实现智能感知、交互、大数据服务等功能。目前在智能家居产品市场上主要有智能主机（网关）、安防、照明、家用电器控制、空气质量监测、智能门锁等几大类。在市场中也有多种多样的智能穿戴类单品，如智能手环、手表等。通过这些产品用户可以实时查阅日常生活中的锻炼、睡眠等各类数据，并与移动终端同步，从而帮助自己养成良好的健康生活习惯。

　　纳乐智能家居产品的自主研发由最初的几种发展到如今的近百种，其中多款产品获得了国家技术专利、国家注册商标、欧盟 CE 认证及国家版权登记中心著作权等数项荣誉。纳乐智能家居部分产品展示如图 6-1 所示。

　　下面介绍纳乐智能家居产品的设计理念，供读者参考。

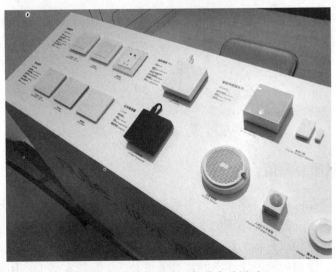

图 6-1　纳乐智能家居部分产品展示

6.1.1 硬件设计要做到简化与平衡

纳乐团队在智能产品开发中设立了智能创意设计工作室，同时聘请海外留学设计师，作为纳乐设计团队的首席顾问及设计总监，以保证产品设计风格的前卫新锐。为接轨国际，纳乐非常注重国际交流，和国外多家智能研发团队建立战略合作关系，力图以国际水准为智能家居领域带来个性创新。工业设计部总监分享了他们的设计理念：硬件设计要做到简化与平衡。

所谓"简化"就是要尽可能少的设计，不管是在功能还是外观上，都要尽可能的去掉冗杂及不必要的东西，去做最基本的形态。

所谓"平衡"其实是对人、物与空间关系的思考与考量，如何在产品与使用者之间建立起一个整体的均衡的空间，这是在设计产品的时候一直思考的问题。

例如在留白面板系列产品的设计中，在人、产品与空间之间建立了一种微妙而有趣的连接，当环境处于静止状态，面板会隐藏于空间之中，刻意弱化其存在感，留白面板上是全白的，上面没有任何显示，与墙融为一体，静止状态时留白面板如图6-2所示。当人靠近面板或用手触摸面板时，即刻唤醒处于"休眠"状态下的面板，面板上按键符号与显示灯光就会自动亮起来，将产品的生命进入使用者的手中，就能控制灯具的开、关和亮度调节。同时面板还配备了动态信息显示技术，可实时显示温度、天气、时间和空气质量等信息，动态时留白面板如图6-3所示。

图6-2　静止状态时留白面板

6.1.2 外观、材质有颜值

产品外观是指产品的形状、图案、色彩或其结合，其中，形状是指三维产品的造型，如开关面板的外形。图案一般是指两维的平面设计，如面板上显示的图案等。色彩可以是构成图案的成分，也可以是构成形状的部分。这样，外观设计可以是立体的造型，也可以是平面的图案，还可以辅以适当的色彩所作出的富有美感并适于智能家居上应用的新设计。

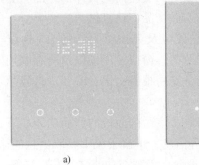  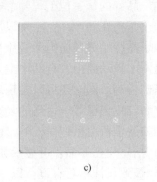

a)　　　　　　　　　b)　　　　　　　　　c)

图6-3　动态时留白面板

a) 开关面板　b) 调光面板　c) 情景面板

纳乐智能家居的面板的颜色采用以白色为设计的主基调，因为"白"不只是代表一种颜色，它还包含"间"和"余白"这样的时间与空间感。更是与纳乐品牌（nulle）所传达的"无存"与"可能性"的概念相吻合，如留白面板系列产品。

在产品材质方面，纳乐团队注重质感意向。在设计产品之初，在寻找能传达质感意象的词句中，选择了"通透""朦胧"及"正在融化的冰"作为意象来表达产品的质感。如在极境系列面板的材质选择上，将高品质的玻璃与传统的塑料做了融合，呈现一种和谐，平衡的视觉张力，同时也表现了纯净、舒适的视觉状态。极境系列面板如图6-4所示。

a)　　　　　　　　　b)　　　　　　　　　c)

图6-4　极境系列面板

a) 电源插座　b) 调光面板　c) 情景面板

6.1.3　产品定位有内涵

所谓产品定位就是指企业的产品基于顾客的生理和心理需求，寻找其独特的个性和良好的形象，从而凝固于消费者心目中，占据一个有价值的位置。简言之产品定位就是使产品在未来潜在顾客心目中占有的位置。其重点是在对未来潜在顾客的需求上下功夫，为此要从产品特征、包装和服务等多方面作研究，并顾及到竞争对手的情况。

鉴于目前市场上众多的智能家居产品，功能和外观都非常的单一，同质化非常严重，缺少用户体验，缺少刚需。纳乐团队的硬件工程师分享了他们的产品定位：

纳乐品牌的每一位工程师都时刻提醒自己与用户面对面交流的是具体的产品，真正打动用户的也是实在的产品，一切以用户体验为中心，踏实做产品，认真做内容。

纳乐品牌始终遵循国际通用标准 IEEE802.15.4 协议以及 ZigBee 最新的 HA 协议，实现自动组网、自动路由、自动中继来满足用户对于灯光照明、窗帘、门锁以及所有家用电器设备的基础控制。同时还可以实现环境感知、情景联动、安防报警、语音交互、自我学习、位置定位和位置记忆等一系列的复杂行为动作。

例如纳乐留白系列面板的定位是：给生活留有想象。该系列面板的产品功能如下。

1）信息交互界面：可显示如温度、湿度和天气等信息，丰富了家中获取信息的途径。

2）极致设计精巧有道：以"少即是多"的设计理念在美观与功能之间获得平衡。

3）人体红外感应：当人靠近时，按键与显示灯光自动唤醒，在不经意间产生微妙的互动。

4）电容式触摸设计：高灵敏的触摸式按键设计，感受全新的操控体验。

5）ZigBee HA 协议自组入网技术：支持多家品牌的产品互相兼容。

6）远程控制：通过 APP 实现远程操控开/关灯、调节亮度及定时照明。

7）安全性高：通过严格的 3C 认证、CE 认证及 rohs 认证。

8）赛宝认证：通过赛宝认证中心的安全认证，组建高效、稳定、安全的网络环境。

纳乐极境系列面板的定位是：追寻于生活的纯粹。该系列面板的产品功能如下。

1）极简设计：高品质玻璃展现清澈通透的视觉艺术效果。

2）纳乐单火/零火取电（NSWA）：采用 nulle Single wire acquisition 技术，为兼容目前市场中大量的单火线房屋。

3）电容式触摸设计：高灵敏的触摸式按键设计，感受全新的操控体验。

4）ZigBee HA 协议自组入网技术：支持多家品牌的产品互相兼容。

5）远程控制：通过 APP 实现远程操控开/关灯、调节亮度及定时照明。

6）安全性高：通过严格的 3C 认证、CE 认证及 rohs 认证。

7）赛宝认证：通过赛宝认证中心的安全认证，组建高效、稳定、安全的网络环境。

6.2 纳乐网关设计简介

6.2.1 纳乐网关的功能定位

家庭网关具备智能家居控制中心及无线路由器两大功能，一方面负责整个家庭的安防报警、灯光照明控制、家用电器控制、能源管控、环境监控、家庭娱乐等信息采集与处理，通过无线方式与智能交互终端等产品进行数据交互。另一方面它还具备有无线路由器功能，是家庭网络和外界网络沟通的桥梁，是通向互联网的大门。在智能家居中由于使用了不同的通信协议、数据格式或语言，家庭网关就是一个翻译器。家庭网关对收到的信息要重新打包，以适应不同网络传输的需求。同时，家庭网关还可以提供过滤和安全功能。

纳乐智能网关的功能定位如下。

1）控制主机技术上采用的是 ZigBee2.4GHz 无线射频技术，并支持市面上最常用的315MHz 射频遥控器，配合红外转发器，即可控制家中的电视机、空调、音响、DVD 影碟机、投影仪和投影幕布等红外及射频设备。

2）将家中传统开关替换为智能触摸开关，就能通过控制主机实现各个房间的灯光控制。与传统照明相比，智能照明不仅能方便地控制灯具的开关，还可以通过手机/计算机/平板式计算机实现灯光亮度调节、灯光全开全关管理，并支持情景模式、远程和定时等操控，真正实现躺着就能控制灯光。

3）智能化的安防系统，将集成无线网络摄像头、各种安防传感器，对住宅进行实时监控，如果家中燃气泄漏，或者家中门窗、保险柜、抽屉等被意外打开，控制主机将第一时间向用户的手机发送报警信息，让用户及时了解家里的安全状况。

另外可实现对各种门锁的控制，具有指纹、密码、刷卡、机械钥匙、应急钥匙、远程手机临时授权密钥等开门方式，还有电量提醒、语音提醒、撬门警报、实现情景联动。

4）纳乐控制主机可以整合窗帘、空调、地热和新风等各种环境调节设备，统一协调这些设备的工作，实现智能调节，用户也可以在回家前远程启动家中空调、地热等设备，归来时推开房门，扑面而来的是家的温馨。

5）具备无线转发、无线接收功能，就是能把外部所有的通信信号转化成符合 ZigBee HA 协议的无线信号，支持多家品牌的智能家居产品互相兼容。

6）具有语音识别功能，采用科大讯飞的语音技术，提供最好的语音管家服务。

7）具有远程系统更新升级功能，可以远程进行在线升级。

8）安全可靠，产品通过了赛宝中心的安全认证、3C 认证、CE 认证以及 rohs 认证，能自行组建高效、稳定、安全的家庭网络。

9）还具备无线路由功能，优良的无线性能，网络安全，可覆盖家里任何一个角落。

6.2.2　外观设计

纳乐网关外观设计遵循简化平衡有颜值的设计理念，外壳美观大方，有两种颜色，一种外壳是白色，表示纳乐网关基础版，如图 6-5 所示；另一种外壳是红色，表示纳乐网关- pro 高端版，如图 6-6 所示。

a)　　　　　　　　　　b)　　　　　　　　　　c)

图 6-5　纳乐网关基础版

a）外形　b）顶部　c）底部

纳乐网关的外壳四周非常简洁，背面左边只有一个开机按钮，正中间是网线接口，右边是电源线插口，如图 6-6b 和图 6-7 所示。

a)

b)

图 6-6 纳乐网关高端版

a）顶部　b）背面

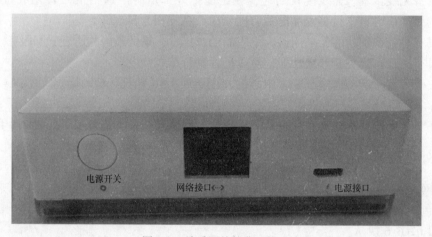

电源开关　　网络接口←→　　电源接口

图 6-7 纳乐网关的背面接口

6.2.3 主要电路设计

1. 电源电路

纳乐网关的电源主要有 5V 和 3.3V 两种，3.3V 供电的部分采用 1117 - 3V3 对 5V 电源进行稳压。电源电路由 VTS SMAJ5.0CA 瞬态抑制二极管（瞬变二极管）、Q2 SMD 贴片 AP2305N 场效应晶体管、Q3 S8050 晶体管、U6 1117 - 3.3 高效率线性稳压器等组成，电源电路原理图如图 6-8 所示。

5V1A 直流电源经瞬态抑制二极管 SMAJ5.0CA、C_{19}、C_{22} 滤波后，进入 VT_2 场效应晶体管 AP2305N 的 D 极。按下电源开关 SW - PB 后，5V 电压经 R_{15}、VD_2 到地，给 AP2305N 的 G 极提供导通电压，5V 电压又经 C_{30}、C_{31}、C_{23}、C_{24} 滤波后，进入 U6 1117 - 3.3 的输入端，稳压后再经 C_{20}、C_{21}、C_{25}、C_{26}、C_{27}、C_{28} 滤波后输出 3.3V 直流电压。另一路 3.3V 电压在按键电源开关 SW - PB 松开后，经 R_{16}、R_{18}、R_{19} 到地，给晶体管 VT_3 S8050 的基极供电，VT_3 S8050 导通后，5V 电压经 R_{15}、R_{17}、VT_3 到地，维持给 AP2305N 的 G 极提供导通电压，确保 VT_2 AP2305N 导通供电。

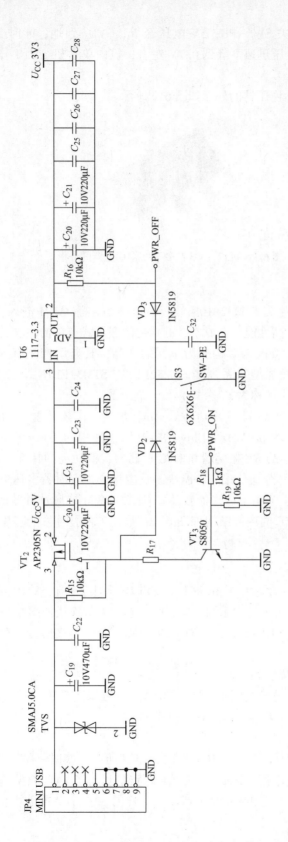

图6-8 电源电路原理图

关机时，按下电源开关 SW‑PB，5V 电压经 R_{15}、VD_2 到地；同时 3.3V 电压经 R_{16}、VD_3 也到地，此时 3.3V 电压迅速下降到 0.7V 左右，机内单片机会因工作电压下降而发出关机指令，从而实现关机。

1117‑3.3 高效率线性稳压器的外形如图 6-9 所示。

图 6-9　1117‑3.3 高效率线性稳压器的外形

2. 主芯片外围电路

纳乐网关使用的主芯片为 STM32F103，是当前 32 位主流 ARM 嵌入式处理器。STM32 系列 ARM 处理器是为满足高性能、低成本、低功耗的嵌入式应用的需求而专门设计的 ARM Cortex‑M0/M3/M4 内核。按内核架构分为不同的产品，其典型产品有 STM32F101 "基本型" 系列、STM32F103 "增强型" 系列和 STM32F105、STM32F107 "互连型" 系列。该处理器是由意法半导体公司（简称为 ST 公司）设计制造的。

STM32F103 的内核为 ARM 32 位的 Cortex‑M3，最高工作频率达 72MHz，在存储器的 0 等待周期访问时可达 1.25DMips/MHz（DhrystONe2.1），使用的是从 64K 或 128K 字节的闪存程序存储器，内嵌带校准的 RC 振荡器和 RTC 振荡器，低功耗的特性，能延长待机时间。多达 80 个快速 I/O 端口，9 个通信接口，能快速响应指令。定时器多达 7 个，3 个 16 位定时器，每个定时器有多达 4 个用于输入捕获/输出比较/PWM 或脉冲计数的通道和增量编码器输入。STM32F103xC/D/E 的内部结构如图 6-10 所示。纳乐网关主芯片 STM32F103 的外围电路如图 6-11 所示。

3. 串行闪存芯片电路

纳乐网关使用的串行闪存芯片为 16 兆位的 SPI 串行闪存 SST25VF016B，是由 SST 公司生产的，其外形如图 6-12 所示。纳乐网关串行闪存芯片引脚连线如图 6-13 所示。由图 6-11 和图 6-13 可知，主芯片为 STM32F103 的 33～37 引脚，分别连接串行闪存 SST25VF016B 的 2、1、5、6、3 脚。

SST25VF016B 的主要特性如下。

1）单电压读写操作。电压范围是 −2.7～3.6V，一般采用 3.3V。

2）串行接口架构。SPI 兼容：模式 0 和模式 3。

3）高速时钟频率。高达 80MHz。

4）卓越的可靠性。可擦写次数：100 000 次（典型值），数据保存时间大于 100 年。

5）低功耗。有效的读电流：10mA（典型），待机电流：5μA（典型）。

6）灵活的擦除功能。一样的 4K 字节扇区、一样的 32K 字节覆盖块、一样的 64K 字节覆盖块。

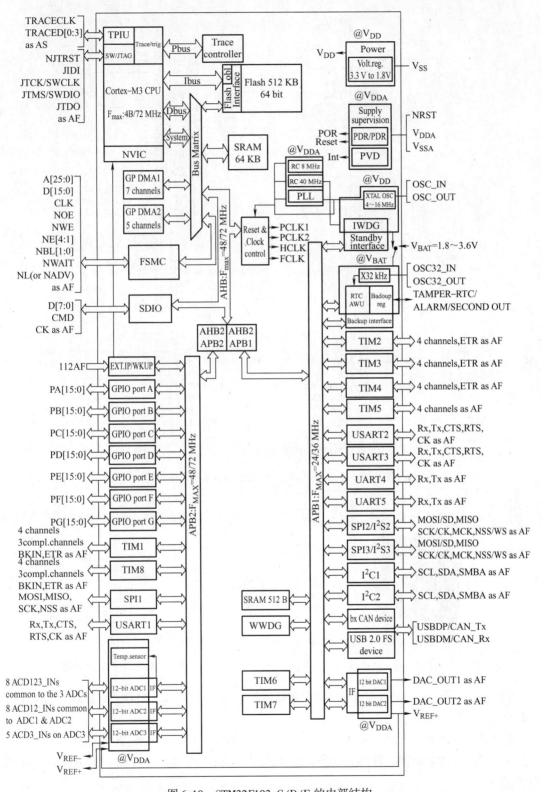

图 6-10 STM32F103xC/D/E 的内部结构

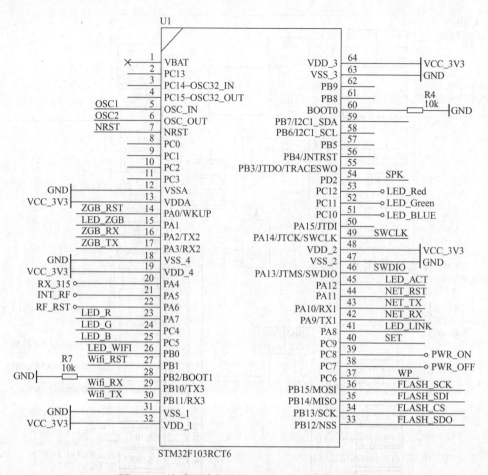

图 6-11 纳乐网关主芯片 STM32F103 的外围电路

图 6-12 SST25VF016B 芯片

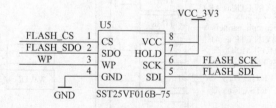

图 6-13 纳乐网关串行闪存芯片引脚连线

7）快速擦除和字节编程。芯片擦除时间：35ms（典型），扇区/块擦除时间：18ms（典型），字节编程时间：7μs（典型）。

8）编程自动地址递增（AAI）。减少了字节编程操作期间的整个芯片编程时间。

9）写操作结束检测。软件查询中状态寄存器中的 BUSY 位，AAI 模式下 SO 引脚上忙碌状态读出。

10）保持引脚（HOLD#）。在不取消选择器件的情况下，暂停存储器的串行序列。

11）写保护（WP#）。启用/禁止状态寄存器的锁断功能。

12）软件写保护。通过状态寄存器中的块保护位实现写保护。

13）温度范围。商业级：0～+70℃，工业级：-40～+85℃。

14）封装。8引脚SOIC（200mil）或8触点WSON（6mm×5mm）。

15）所有器件均符合RoHS标准。

SST25VF016B的内部功能框图如图6-14所示。

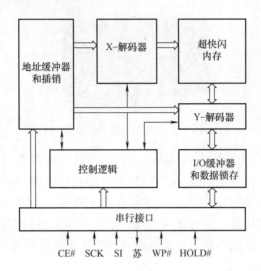

图6-14　SST25VF016B的内部功能框图

4. 以太网接入电路

纳乐网关的以太网接入电路如图6-15所示。

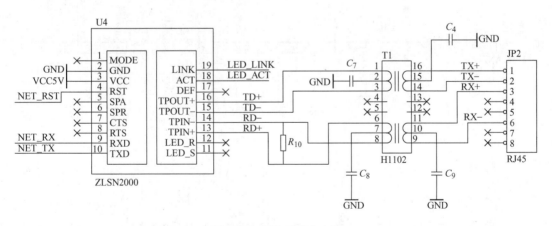

图6-15　以太网接入电路

由图6-15可知，纳乐网关的以太网接入电路是由RJ45以太网接口、以太网变压器H1102和串口转以太网嵌入式模块ZLSN2000组成。

RJ45接口是常用的以太网接口，支持10M和100M自适应的网络连接速度。接口的外观为8芯母插座，网线为8芯公插头，RJ45接口引脚定义见表6-1。

表 6-1   RJ45 接口引脚定义

引脚序号	1	2	3	4	5	6	7	8
名称	TX +	TX −	RX +	n/c	n/c	RC −	n/c	n/c
功能说明	发信号 +	发信号 −	收信号 +	空脚	空脚	收信号 −	空脚	空脚

以太网变压器 H1102 的外形如图 6-16 所示，其引脚连接见图 6-15。

图 6-16   以太网变压器 H1102 的外形

ZLSN2000 是串口转以太网嵌入式模块，它为单片机接入基于 TCP/IP 的网络（以太网）提供了快捷、稳定、经济的方法。ZLSN2000 是 19 针的双排结构的模块，大小只有 43mm × 26mm，可通过捧针接插到用户电路板。其中就包含了和单片机接口的 2 根 TTL 型的串口线。其中提供了 4 根以太网网线接口，可连接网线。用户只需要将其引脚和单片机串口相连接，则串口发送的数据立即发送到网络上，网络接收的数据也立即会通过串口发送给单片机。

5. 315MHz 射频接收电路

纳乐网关的 315MHz 射频接收电路如图 6-17 所示。由图 6-17 可知，纳乐网关的 315MHz 射频接收电路由 SYN480R – FS12 和 STM8S003F3P6 组成。

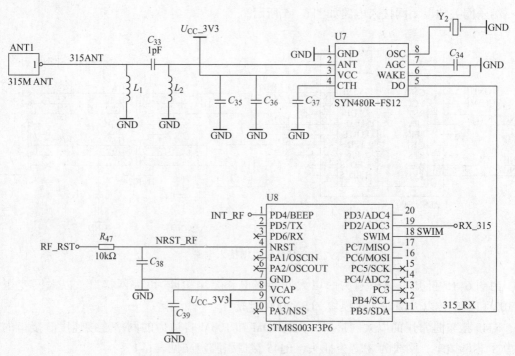

图 6-17   纳乐网关的 315MHz 射频接收电路

SYN480R-FS12 是法国 SYNOXO 公司推出新一代的单片"天线高频 AM 信号输入，数字信号输出"的无线射频接收芯片。芯片内自动完成所有的 RF 及 IF 调谐，这样在开发和生产中就省略了手工调节的工艺过程，自然也降低了成本，增强了产品的竞争力。

SYN480R-FS12 是法国 SYNOXO 公司在简化 SYN470R 功能的基础上推出的 8 脚封装，其外形如图 6-18 所示，而 SYN470R 采用 16 脚封装，提供完整的功能。两种封装形式如图 6-19 所示。

图 6-18　SYN480R 的外形

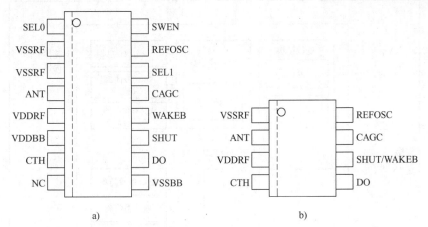

图 6-19　SYN470R/480R 的封装形式

a) 16 脚封装　b) 8 脚封装

SYN470R/480R 芯片的主要特性如下。

1）完全的单片 UHF 接收器件。

2）频率范围：300 ~ 440 MHz。

3）接收灵敏度：-106dBm（315MHz），-107dBm（433MHz）。

4）传输速率：2.5kbit/s（SWP），10kbit/s（FIXED）。

5）自动调谐，无须手动调节。

6）无须外接滤波器和电感。

7）低功耗：3.7mA（315MHz，完全工作）。

8）唤醒功能用于使能外部解码板和 MCU。

9）RF 天线辐射非常低。

10）标准的 CMOS 接口控制及解码数据输出。

STM8S003F3P6 是 8 位微控制器，是 ST 公司 STM8S 系列 MCU 之一，其外形如图 6-20 所示。STM8S 系列 MCU 由一个基于 STM8 内核的 8 位中央处理器、存储器（包括了 Flash ROM、RAM、E^2PROM）以及常用外设电路（如复位电路、振荡电路、高级定时器 TIM1、通用定时器 TIM2 及 TIM3、看门狗计数器、中断控制器、UART、SPI、多通道 5 位 ADC 转换器）等部件组成。STM8S003F3P6 的内部结构如图 6-21 所示。

图 6-20　STM8S003F3P6 的外形

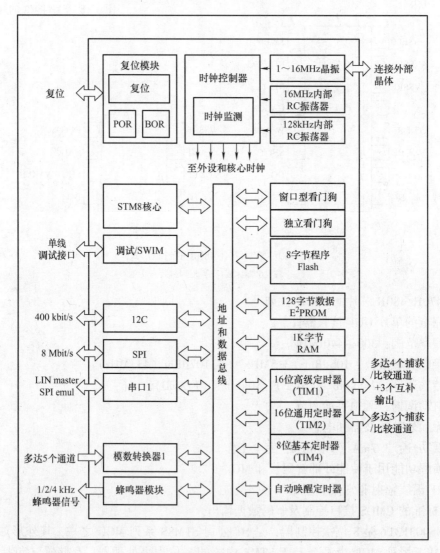

图 6-21　STM8S003F3P6 的内部结构

　　STM8S 系列 MCU 芯片内部集成了不同容量的 Flash ROM（4～128 KB）、RAM（1～6KB），此外，还集成了容量为 640B～2KB 的 E^2PROM。

STM8S 系列 MCU 芯片的主要性能指标如表 6-2 所示。

表 6-2　STM8S 系列 MCU 芯片的主要性能指标

型　　号	Flash ROM	RAM	E²PROM	定时器个数（IC/OC/PWM）		ADC（10 位）通道	I/O	串行口
				16 位	8 位			
STM8S208××	128KB	6KB	2KB	3	1	16	52～68	CAN，SPI，2×UART，I²C
STM8S207××	32～128KB	2～6KB	1～2KB	3	1	7～16	25～68	SPI，2×UART，I²C
STM8S105××	16～32KB	2KB	1KB	3	1	10	25～38	SPI，UART，I²C
STM8S103××	2～8KB	1KB	640B	2	1	4	16～28	SPI，UART，I²C
STM8S903××	8KB	1KB	640B	2	1	7	28	SPI，UART，I²C
STM8S003××	8KB	1KB	128B	2	1	5	16～28	SPI，UART，I²C
STM8S005××	32KB	2KB	128B	3	1	10	25～38	SPI，UART，I²C
STM8S007××	64KB	6KB	128B	3	1	7～16	25～28	SPI，UART，I²C

6. ZigBee 2.4GHz 无线射频电路

纳乐网关的 ZigBee 2.4GHz 无线射频电路如图 6-22 所示。由图 6-22 可知，纳乐网关的 ZigBee2.4GHz 无线射频电路由 CC2530 组成。

CC2530（无线片上系统单片机）是 TI（德州仪器）公司推出用于 2.4GHz IEEE 802.15.4、ZigBee 和 RF4CE 应用的一个真正的片上系统（SoC）解决方案。有关 CC2530 芯片的介绍参看本书 3.4.1 内容。

7. 语音识别电路

纳乐网关的语音识别电路由语音合成芯片 XFS5152CE 与音频功率放大器组成，纳乐网关的语音识别电路构成框图如图 6-23 所示。

XFS5152CE 是科大讯飞最新推出一款高集成度的语音合成芯片，可实现中文、英文语音合成；并集成了语音编码、解码功能，可支持用户进行录音和播放；除此之外，还创新性地集成了轻量级的语音识别功能，支持 30 个命令词的识别，并且支持用户的命令词定制需求。XFS5152CE 外形如图 6-24 所示。

XFS5152CE 的功能特点如下：

1）支持任意中文文本、英文文本的合成，并且支持中英文混读。

2）支持语音编解码功能，用户可以使用芯片直接进行录音和播放。

3）集成语音识别功能，可以支持 30 个命令词的识别，并且支持用户的命令词定制需求。

4）芯片内部集成 80 种常用提示音效，适合多种场景使用。

5）支持 UART、I²C、SPI 三种通信方式。

6）UART 串口支持 4 种通信波特率可设：4800bit/s、9600bit/s、57600bit/s、115200bit/s，用户可以依据情况自己设置。

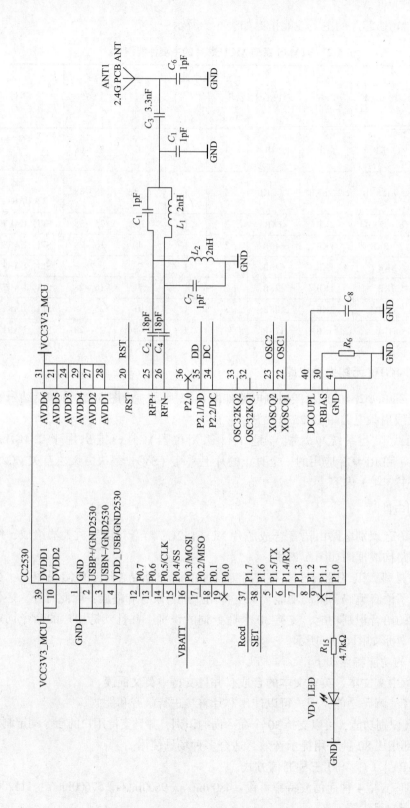

图6-22 纳乐网关的ZigBee 2.4GHz无线射频电路

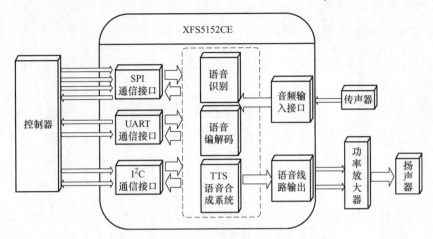

图 6-23　纳乐网关的语音识别电路构成框图

7）支持多种控制命令，如合成文本、停止合成、暂停合成、恢复合成、状态查询、进入省电模式和唤醒等。

8）支持多种方式查询芯片的工作状态，包括：查询状态引脚电平、通过读芯片自动返回的工作状态字、发送查询命令获得芯片工作状态的回传数据。

图 6-24　XFS5152CE 外形

纳乐网关的语音合成芯片 XFS5152CE 外围电路图如图 6-25 所示。

有关语音识别技术与语音识别模块读者可参看 2.1.4 相关内容。

纳乐网关的音频功率放大电路如图 6-26 所示。由图 6-26 可知，纳乐网关的音频功率放大电路由 TPA2005DIDGN 芯片等组成。

TPA2005DIDGN 芯片是单声道差分输入的 D 类音频放大器，TPA2005DIDGN 芯片的内部结构如图 6-27 所示。

8. 印制板电路

纳乐网关的印制板电路由上述单元电路和其他电子元器件组成，如图 6-28 所示。

9. 纳乐高端网关的主芯片电路

纳乐的高端网关支持连接 ZigBee、WiFi、以太网，它的主芯片全志 A33 采用四核 ARM Cortex－A7 架构，优化 DDR 技术，搭载 Mali400MP2 图形处理单元，集成 MIPI DSI 显示接口，支持 OpenGLES2.0/VG1.1 标准，支持 1080p 高清视频处理及回访，支持 5MP 图像传感器和 SmartColor 显示技术和 Security System（安防系统）。

全志 A33 采用 DVFS 动态电压频率调整技术，独创性的 Talking Standby 模式可以显著降低通话状态下的能耗水平。同时与 A23 双核处理器针脚兼容，以及全面支持包括 4 路 MIPI DSI、LVDS、USB OTG/HOST、SD/MMC、I2S/PCM 和 RSB 在内的连接支持等。

全志 A33 还集成了全志独有的丽色显示系统，显示效果出色，可减弱平板计算机对用户的视力影响。此外，A33 四核与全志 A23 双核 P2P 引脚兼容，极大地简化了开发方案的升级。目前已有惠普、创维等众多客户推出基于 A33 四核的平板计算机。

纳乐高端网关主芯片全志 A33 芯片的外围电路如图 6-29 所示，安装全志 A33 芯片的印制板电路如图 6-30 所示，全志 A33 芯片内部功能框图如图 6-31 所示。全志 A 系列处理器芯片主要参数见表 6-3。

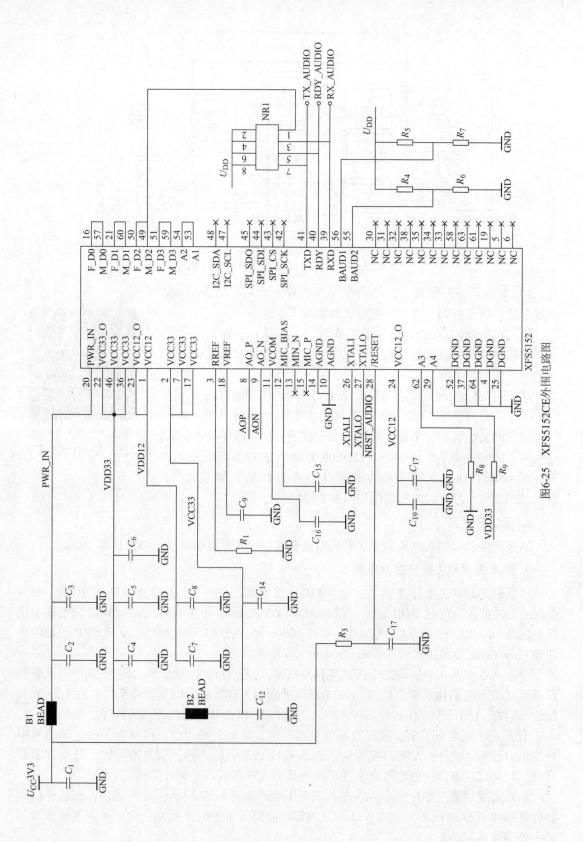

图6-25 XFS5152CE外围电路图

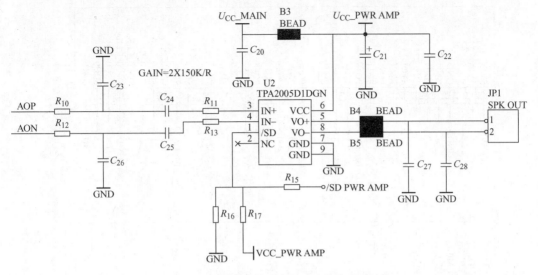

图 6-26　纳乐网关的音频功率放大电路

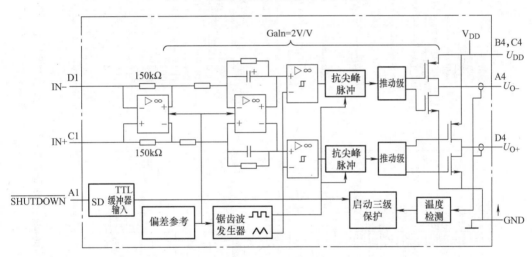

图 6-27　TPA2005DIDGN 芯片的内部结构

图 6-28　纳乐网关的印制板电路

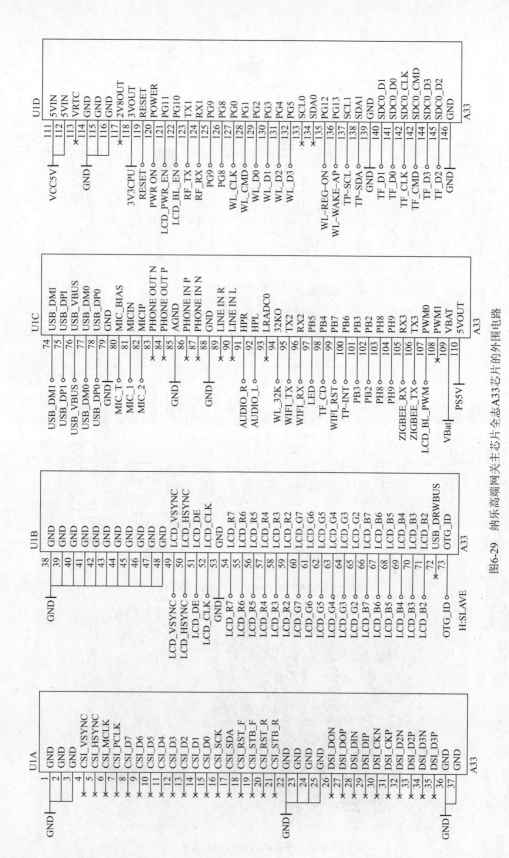

图6-29　纳乐高端网关主芯片全志A33芯片的外围电路

图 6-30　安装全志 A33 芯片的印制板电路

```
┌──────────┐  ┌───────────────────────────────┐
│          │  │        中央处理器(CPU)          │
│          │  ├───────────────┬───────────────┤
│   电源    │  │ ARM Cortex-A7 │ ARM Cortex-A7 │
│          │  ├───────────────┼───────────────┤
│          │  │ ARM Cortex-A7 │ ARM Cortex-A7 │
└──────────┘  └───────────────┴───────────────┘

┌──────────┐  ┌───────────────┐  ┌───────────────┐
│   系统    │  │ 图像处理器(GPU) │  │   音频编解码器   │
│ 实时时钟  │  │ ARM Mali400MP2 │  │               │
│ 直接内存访问│ └───────────────┘  └───────────────┘
│ 安全系统  │  ┌───────────────┐  ┌───────────────┐
│          │  │      内存      │  │    视频引擎    │
│          │  │ DDR3/DDR3L    │  │               │
│          │  │ NAND Flash    │  │               │
│          │  │ EMMC          │  │               │
└──────────┘  └───────────────┘  └───────────────┘
```

中央处理器(CPU)
ARM Cortex-A7　ARM Cortex-A7
ARM Cortex-A7　ARM Cortex-A7

电源

系统
实时时钟
直接内存访问
安全系统

图像处理器(GPU)
ARM Mali400MP2

音频编解码器

内存
DDR3/DDR3L
NAND Flash
EMMC

视频引擎

连接
3×PWM
USB OTG/USB HOST/HSIC
2×SPI/4×TWI/6×UART/RSB
2×I2S/PCM

接口显示
LVDE
CPU/RGB LCD
MIPI DSI

引擎显示

相机接口

图 6-31　全志 A33 芯片内部功能框图

表 6-3　全志 A 系列处理器芯片主要参数

型号	制程	内核数	CPU	GPU	视频 解码/编码	DDR	支持最高 像素/分辨率	支持最大 屏幕尺寸
A10(S)	55nm	单	Cortex-A8 1GHz	Mali400	1080p@30fps 1080p@30fps	DDR3/DD2	200万 640×480	7寸
A13	55nm	单	Cortex-A8 1GHz	Mali400	1080p@30fps 1080p@30fps	DDR3/DD2	200万 800×480	7寸

型号	制程	内核数	CPU	GPU	视频 解码/编码	DDR	支持最高 像素/分辨率	支持最大 屏幕尺寸
A12	55nm	单	Cortex – A8 1.5GHz	Mali400	1080p@ 30fps 1080p@ 30fps	DDR3/DD2	200 万 1040×600	10.1 寸
A20	55nm	双	Cortex – A7 1.5GHz	Mali400 MP2	1080p@ 30fps 3840×1080@ 30fps	DDR3/DDR3L /DD2	200 万 1040×768	10.1 寸
A23	40nm	双	Cortex – A7 1.5GHz	Mali400 MP2	FHD 1080p@ 60fps	DDR3/DDR3L /DD2	200 万 1280×800	9 寸
A31	40nm	4	Cortex – A7	Mali400 MP2	3840×1080@ 30fps	DDR3/DDR3L /LPDD2	1200 万 2048×1536	9.7 寸
A31S	40nm	4	Cortex – A7	Mali400 MP2	3840×1080@ 30fps	DDR3/DDR3L /LPDD2	1200 万 2048×1536	9.7 寸
A33	28nm	4	Cortex – A7	Mali400 MP2	FHD 1080p@ 60fps	DDR3/DDR3L	1200 万 1280×800	10.1 寸
A80	28nm	8	4×Cortex – A15 4×Cortex – A7	Mali400 G6230	3840×1080@ 30fps	DDR3/DDR3L /LPDDR3 /LPDDR2	4K	10.1 寸
A83T	28nm	8	Cortex – A7 2.0GHz	Mali400 SGX544	1080p@ 60fps	DDR3/DDR3L /LPDDR3 /LPDDR2	800 万 1920×1200	未知
A64	28nm	4 (64 位)	Cortex – A53	未知	4K	各种内存		未知

  ARM Cortex – A7 处理器是 ARM 开发的最有效的应用处理器，它显著扩展了 ARM 在智能手机、平板计算机以及其他高级移动设备方面的低功耗领先地位。

  ARM 推出的 A15 高性能核心是继续延续 A9 的步伐，而 A7 则是走了相反的一条路，即回归到 Cortex A8 的顺序执行，在并行计算中可以顺序执行两条指令，不过 A7 跟原来的 A8 还是有着很多不同的。

  注：Cortex A9 已在本书第 2 章 2.4.3 中介绍。

  Cortex A7 具备一颗 8 – stage 的集成管线，并能支持双发。不过跟 A8 不同的是，A7 不支持双发浮点或者说 NEON 指令集，不过有另外的指令集让 A7 实现单发。内部结构上的很多方面，A7 都跟 A8 相似，不过在 FPU 等方面得到大幅加强。

  限制带宽的设计让 A7 的芯片体积可以做到很小，ARM 宣称 28nm 的单核 Cortex – A7 的面积仅有 0.5mm²，在工艺节点上，ARM 希望合作厂商能将 A7 的 die 面积控制在 A8 的 1/2 甚至 1/3，顺便一提，A9 的 die 面积跟 A8 差不多，而高性能的 A15 则要比两者大得多。

  尽管限制了双发能力，ARM 希望 A7 能提供比 A8 更强的每赫兹性能和整体性能，由于采用了相比 A8 更先进的预测器，A7 的分支预测计算能力得到提升，更好的预测算法也使得这颗芯片更为节能，此外 ARM 还指出，它们在 A7 中采用了更低延迟的 2 级缓存（10 cycles），具体的情况还要取决于制造厂商。不过实际上,由于限制了双发带宽,Cortex - A7 的评估性能比 A8 要低一些。

Cortex - A7 能与 Cortex - A15 实现 100% 的 ISA 兼容,而且 A7 能够支持新的虚拟化指令集、支持整数除法和 40bit 内存寻址。也就是说任何运行在 A15 核心上的代码都可以在 A7 上运行,只是运算速度要慢一些。不过这一点让 SoC 芯片同时搭载 Cortex - A15 和 Cortex - A7 具有了实际意义,二者也可以根据任务负载的不同及时切换,ARM 把这种机制称为 big. LITTLE。

对于这一部分,ARM 官网的介绍是"Cortex - A7 处理器的体系结构和功能集与 Cortex - A15 处理器完全相同,不同之处在于,Cortex - A7 处理器的微体系结构侧重于提供最佳能效,因此这两种处理器可在 big. LITTLE 配置中协同工作,从而提供高性能与超低功耗的终极组合。"

Cortex - A7 处理器与其他 Cortex - A 系列处理器开发的程序完全兼容,并借鉴了高性能 Cortex - A15 处理器的设计,采用了包括虚拟化、大物理地址扩展(LPAE) NEON 高级 SIMD 和 AMBA 4 ACE 一致性等全新技术。并着重考虑了性能与功耗间的平衡。采用了 28nm 工艺的单个 Cortex - A7 处理器的能源效率是 65nm 工艺下的 ARM Cortex - A8 处理器(被用于 2010 ~ 2012 年间的许多流行智能手机)的 5 倍,性能提升 50%,而尺寸仅为后者的 1/5。相对于 2011 年主流智能手机,2013 年上市的采用 Cortex - A7 处理器的手机,其 CPU 性能提升可高达 20% 而功耗降低 60%。

Cortex - A7 处理器在 28nm 工艺下处理器主频不低于 1GHz,单核面积为 0.45mm^2,带 FP、NEON™ 和 32K L1 高速缓存。Cortex - A7 处理器内部结构框图如图 6-32 所示。

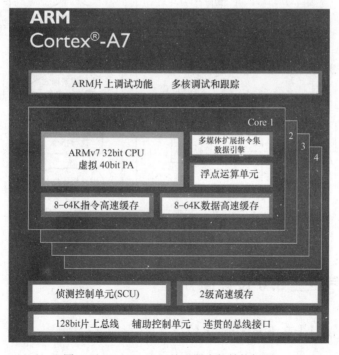

图 6-32　Cortex - A7 处理器内部结构框图

ARM Cortex－A 系列内核的发布时间与架构领先性如图 6-33 所示。从图 6-33 可以看出 Cortex－A8 发布的时间很早，是属于 ARMv7－A 架构的第一款 Cortex－A 系列的内核；Cortex－A7 是后期才发布的，集合了前期发布内核的优点，弥补缺点，在性能和功能上都有很大的增强。

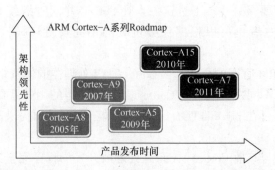

图 6-33　ARM Cortex－A 系列内核的发布时间与架构领先性

6.2.4　软件设计流程图

纳乐网关的软件设计流程图如图 6-34 所示。

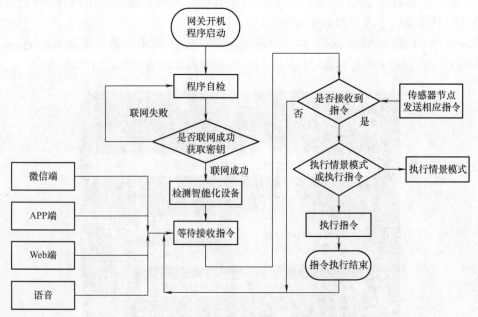

图 6-34　纳乐网关的软件设计流程图

6.3　纳乐空气卫士 3.0 设计简介

6.3.1　纳乐空气卫士 3.0 的功能定位

纳乐空气卫士 3.0 是一款在空气卫士 2.0 的基础上保留空气质量检测等功能，删除室内小空间空气净化功能的智慧家庭终端设备。空气卫士 3.0 的功能不仅能实时检测室内的甲醛、PM2 等空气质量，同时可检测室内温度、湿度以及显示检测数值、电池电量、WiFi 指示，如图 6-35 所示。

图 6-35 纳乐空气卫士 3.0 显示画面

纳乐空气卫士 3.0 采用攀藤/plantower PMS 3003 型激光 PM2.5 传感器和甲醛传感器，感应灵敏、测量准确。实现 PM2.5 和甲醛数据动态显示，并采用立体式空气循环系统，进风式测试方式，随时获知当前环境 PM2.5 和甲醛精准数值。

内置温度、湿度传感器，实时检测并显示室内的温、湿度。温度的测量范围是 −9 ~ 70℃，精度为 ±1.5℃，分辨率为 1℃；湿度测量的范围是 0 ~ 100% RH，精度为 ±10% RH，分辨率为 1% RH。

内置 WiFi 模块可以进行远程的操作与监控，也可通过 WiFi 进行无线升级。

图 6-36 显示室内温度为 28℃，湿度为 65%，PM2.5 值 58μg/m³，甲醛值 0.00mg/m³。

图 6-36 纳乐空气卫士 3.0 外形

6.3.2 外观设计

纳乐空气卫士 3.0 的外观设计仍然遵循简化平衡有颜值的设计理念，外壳美观大方，颜色为白色，外形尺寸为 80mm × 80mm × 40mm。

纳乐空气卫士 3.0 的外壳四周非常简洁，前面有个通气窗口，便于内部传感器与室内空气对流，确保检测的准确性，显示界面在上面，有一个电源开机按键，如图 6-35 和图 6-36 所示。

6.3.3 主要电路设计

1. 整机电路框图

纳乐空气卫士 3.0 的整机电路框图如图 6-37 所示。

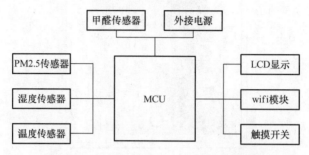

图 6-37　纳乐空气卫士 3.0 的整机电路框图

由图 6-37 可知，纳乐空气卫士 3.0 的空气质量检测功能主要由 PM2.5 传感器和甲醛传感器完成，其中 PM2.5 传感器采用攀藤/plantower PMS 3003 型。该传感器采用激光（镭射）散射原理，能够得到空气中 0.3～10μm 悬浮颗粒物浓度，数据稳定可靠；且内置风扇，数字化输出，集成度高；响应快速，场景变换响应时间小于 10s。PMS 3003 型 PM2.5 传感器的外形如图 6-38 所示。

图 6-38　PMS 3003 型 PM2.5 传感器的外形

PMS 3003 型 PM2.5 传感器的工作原理如下：当激光照射到通过检测位置的颗粒物时会产生微弱的光散射，在特定方向上的光散射波形与颗粒直径有关，通过不同粒径的波形分类统计及换算公式可以得到不同粒径的实时颗粒物的数量浓度，按照标定方法得到跟国家标准统一的质量浓度数值，PMS 3003 型 PM2.5 传感器的工作原理框图如图 6-39 所示。

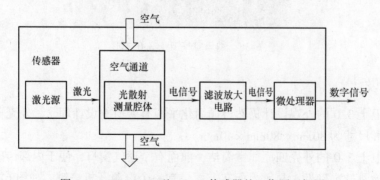

图 6-39　PMS 3003 型 PM2.5 传感器的工作原理框图

纳乐空气卫士 3.0 采用攀藤科技的甲醛传感器，该传感器具有高度集成、高精度、高稳定性、数字信号输出的特点，它采用电化学方法实时检测无须采样，测量精准；内置高性能模拟电路和数据处理单元；集成大量的经验算法，直接输出数字浓度信息；用户无须再对电化学传感器复杂的模拟电路进行信号调理；也不再需要专业的设备来进行校准标定；采用独特的电解质封装技术；体积小、使用方便快捷，攀藤科技的甲醛传感器的外形如图 6-40 所示。

a)   b)

图 6-40　攀藤科技的甲醛传感器的外形

a）顶部　b）底部

纳乐空气卫士 3.0 安装 PM2.5 传感器和甲醛传感器的印制电路板如图 6-41 所示。

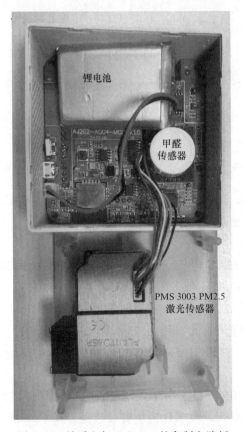

图 6-41　纳乐空气卫士 3.0 的印制电路板

2. 微处理器（主芯片）电路

纳乐空气卫士 3.0 的微处理器采用 STM8S105K4T6 芯片，纳乐空气卫士 3.0 的微处理器电路原理图如图 6-42 所示。

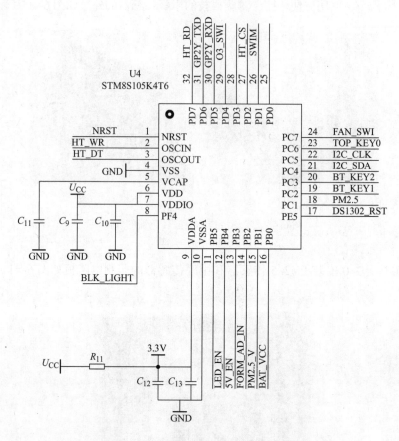

图 6-42　纳乐空气卫士 3.0 的微处理器电路原理图

STM8S105K4T6 芯片是 STM8S105×× 基础型系列 8 位单片机之一，包含了内核、存储器、时钟、复位和电源管理以及中端管理、定时器、通信接口、模数转换器（ADC）、I/O 端口和开发支持模块。

该芯片使用的是高级 STM8 内核，具有 3 级流水线的哈佛结构以及扩张指令集。响应速度快，存储容量也大，FLASH 最多可达 32K 字节，10K 次擦写后在 55℃ 环境下数据可以保存 20 年，RAM 多达 2KB。该芯片带有时钟监控的时钟安全保障系统，加上低功耗的电源管理，借助这套永远打开的低功耗上电模式，空气卫士的工作稳定性非常高，并且待机时间长，无须频繁充电。STM8S105K4T6C 的外形如图 6-43 所示，STM8S105K4T6 的内部结构如图 6-44 所示。

STM8S105K4、STM8S105K6 的封装形式与引脚名称如图 6-45 和图 6-46 所示。

STM8S105×× 基础型系列 8 位单片机主要参数见表 6-4。

图 6-43　STM8S105K4T6C 的外形

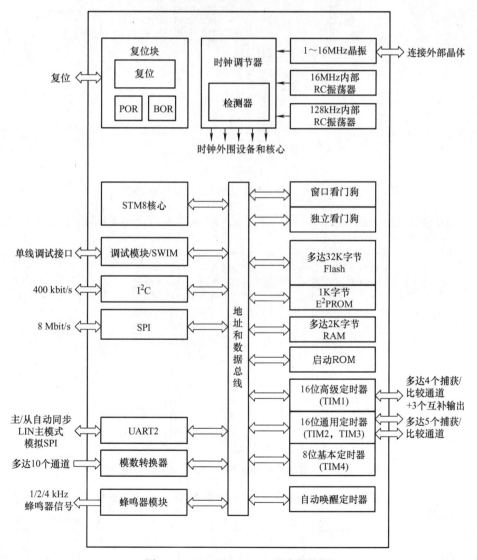

图 6-44　STM8S105K4T6 的内部结构

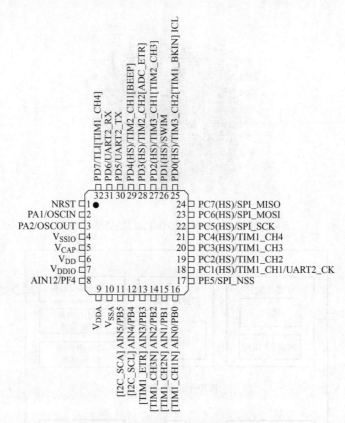

图 6-45　STM8S105K4 的封装形式与引脚名称

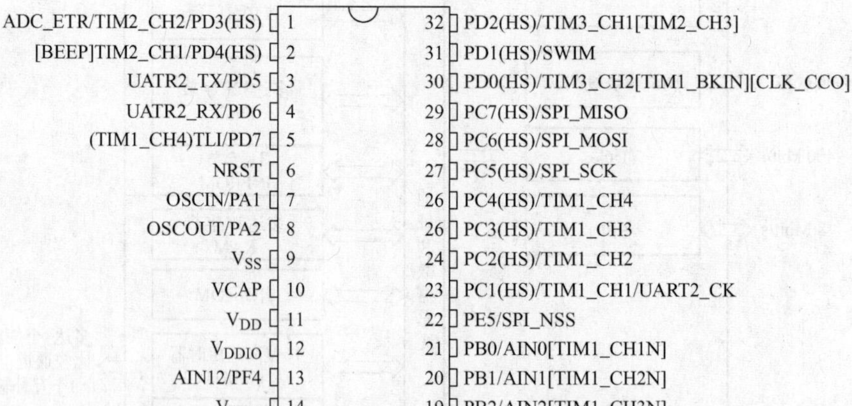

图 6-46　STM8S105K6 的封装形式与引脚名称

表 6-4　STM8S105××基础型系列 8 位单片机主要参数

芯 片 型 号	TM8S105C6	TM8S105C4	TM8S105S6	TM8S105S4	TM8S105K6	TM8S105K4
引脚数量	48	48	44	44	32	32
GPIO 数量	38	38	34	34	25	25
外中断引脚	35	35	31	31	23	23

芯片型号	TM8S105C6	TM8S105C4	TM8S105S6	TM8S105S4	TM8S105K6	TM8S105K4
定时器CAPCOM通道	9	9	8	8	8	8
定时器扩展输出	3	3	3	3	3	3
AD转换通道	10	10	9	9	7	7
大电流输入输出引脚	16	16	15	15	12	12
可编程FLASH（字节）	32K	16K	32K	16K	32K	16K
E^2PROM（字节）	1024	1024	1024	1024	1024	1024
RAM（字节）	2K	2K	2K	2K	2K	2K
外设	高级控制定时器（TIM1）、通用定时器（TIM2和TIM3）、基本定时器（TIM4）窗口看门狗、独立看门狗、SPI、I2C、UART、ADC					

STM8S105××基础型系列8位单片机引脚功能见表6-5。

表6-5　STM8S105××基础型系列8位单片机引脚功能

引脚编号				引脚名称	类型	主功能（复位后）	默认的复用功能
TM8S105C	TM8S105S	TM8S105K4	TM8S105K6				
1	1	1	6	NRST	I/O	复位（Reset）	
2	2	2	7	PA1/OSCIN	I/O	端口A1	晶振输入
3	3	3	8	PA2/OSCOUT	I/O	端口A2	晶振输出
4	4	—	—	V_{SSIO}	S	I/O地线	
5	5	4	9	V_{SS}	S	数字地	
6	6	5	10	VCAP	S	1.8V调压器电容	
7	7	6	11	V_{DD}	S	数字部分供电	
8	8	7	12	V_{DDIO}	S	I/O供电	
9	—	—	—	PA3/TIM2_CH3〔SPI_NSS〕	I/O	端口A3	定时器2通道3
10	9	—	—	PA4	I/O	端口A4	
11	10	—	—	PA5		端口A5	
12	11	—	—	PA6		端口A6	
—	—	8	13	PF4/AIN12	I/O	端口F4	模拟输入12
13	12	9	14	V_{DDA}	S	模拟供电	
14	13	10	15	V_{SSA}	S	模拟地	

引脚编号				引脚名称	类型	主功能（复位后）	默认的复用功能
TM8S105C	TM8S105S	TM8S105K4	TM8S105K6				
15	14	—	—	PB7/AIN7	I/O	端口 B7	模拟输入 7
16	15	—	—	PB6/AIN6	I/O	端口 B6	模拟输入 6
17	16	11	16	PB5/AIN5〔I2C_SDA〕	I/O	端口 B5	模拟输入 5
18	17	12	17	PB4/AIN4〔I2C_SCL〕	I/O	端口 B4	模拟输入 4
19	18	13	18	PB3/AIN3/TIM1_ETR	I/O	端口 B3	模拟输入 3
20	19	14	19	PB2/AIN2/TIM1_CH3N	I/O	端口 B2	模拟输入 2
21	20	15	20	PB1/AIN1/TIM1_CH2N	I/O	端口 B1	模拟输入 1
22	21	16	21	PB0/AIN0/TIM1_CH1N	I/O	端口 B0	模拟输入 0
23	—	—	—	PE7/AIN8	I/O	端口 E7	模拟输入 8
24	22	—	—	PE6/AIN9	I/O	端口 E6	模拟输入 9
25	23	17	22	PE5/SPI_NSS	I/O	端口 E5	SPI 主/从选择
26	24	18	23	PC1/TIM1_CH1/UART2_CK	I/O	端口 C1	定时器 1 - 通道 1 UART2 同步时钟
27	25	19	24	PC2/TIM1_CH2	I/O	端口 C2	定时器 1/通道 2
28	26	20	25	PC3/TIM1_CH3	I/O	端口 C3	定时器 1/通道 3
29	—	21	26	PC4/TIM1_CH4	I/O	端口 C4	定时器 1/通道 4
30	27	22	27	PC5/SPI_SCK	I/O	端口 C5	SPI 时钟
31	28	—	—	V_{SSIO_2}	S		I/O 地线
32	29	—	—	V_{DDIO_2}	S		I/O 供电
33	30	23	28	PC6/SPI_MOSI	I/O	端口 C6	SPI 主出/从入
34	31	24	29	PC7/SPI_MISO	I/O	端口 C7	SPI 主入/从出
35	32	—	—	PG0	I/O		端口 G0
36	33	—	—	PG1	I/O		端口 G1
37	—	—	—	PE3/TIM1_BKIN	I/O	端口 E3	定时器 1 - 刹车输入
38	34	—	—	PE2/I2C_SDA	I/O	端口 E2	I2C 数据
39	35	—	—	PE1/I2C_SCL	I/O	端口 E1	I2C 时钟
40	36	—	—	PE0/CLK_CCO	I/O	端口 E0	可配置的时钟输出

引脚编号				引脚名称	类型	主功能（复位后）	默认的复用功能
TM8S105C	TM8S105S	TM8S105K4	TM8S105K6				
41	37	25	30	PD0/TIM3_CH2〔TIM1_BKIN〕〔CLK_COO〕	I/O	端口 D0	定时器3/通道2
42	38	26	31	PD1/SWIM	I/O	端口 D1	SWIM 数据接口
43	39	27	32	PD2/TIM3_CH1〔TIM2_CH3〕	I/O	端口 D2	定时器3/通道1
44	40	28	1	PD3/TIM2_CH2〔ADC_ETR〕	I/O	端口 D3	定时器2/通道2
45	41	29	2	PD4/TIM2_CH1	I/O	端口 D4	定时器2/通道1
46	42	30	3	PD5/UART2_TX	I/O	端口 D5	UART2 数据发送
47	43	31	4	PD6/UART2_RX	I/O	端口 D6	UART2 数据接收
48	44	32	5	PD7/TL1〔TIM1_CH4〕	I/O	端口 D7	最高级中断

3. 间隙供电电路

纳乐空气卫士 3.0 采用 1800mA、5V 锂电池供电，也可采用 USB 接口外接 5V 直流电源。机内电源电压主要有 5V 和 3.3V 两种，为降低功耗，延长电池的使用寿命，纳乐空气卫生 3.0 对内置传感器采用 5V 间隙供电，对内置微处理器采用 3.3V 永久供电。纳乐空气卫士 3.0 电源电路图如图 6-47 所示。

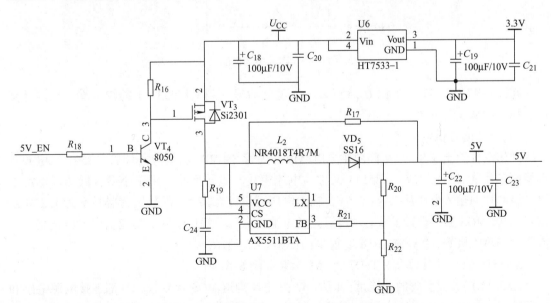

图 6-47 纳乐空气卫士 3.0 电源电路图

（1）3.3V 供电电路

纳乐空气卫士 3.0 的 3.3V 供电电路采用 HT7533 – 1 系列的降压芯片，该芯片有 TO92、SOT89 与 SOT23 – 5 三种封装，如图 6-48 所示。输出电压为 3.3V、输出电压精度为 ±3%、大电流输出为 100mA、静态电流为 2.5μA、高达 30V 的输入电压、较低的温度系数、低压降、低功耗。内部结构框图如图 6-49 所示。

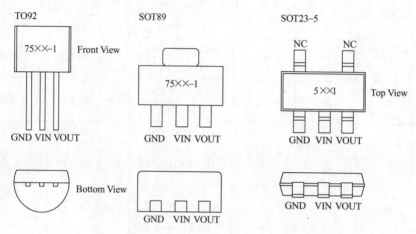

图 6-48　TO92、SOT89 与 SOT23 – 5 三种封装

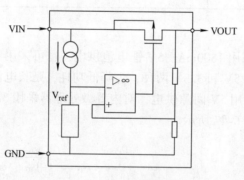

图 6-49　内部结构框图

在图 6-47 中，5V 锂电池 U_{CC} 经 C_{18}、C_{20} 滤波后输入到 HT7533 – 1 的输入端，经内部降压、稳压后从 3 脚输出 3.3V 电压。

（2）5V 间隙供电电路

纳乐空气卫士 3.0 的 5V 间隙供电电路由开关管 S8050、场效应晶体管 Si2301 和电源管理稳压芯片 AX5511 组成。AX5511 又称为电流模式升压转换器，用于小型、低功耗电源电路。该芯片的输入电压从 2.6 ~ 5.5V，输出电压可设置为 27V，内部振荡器频率为 1.2MHz，内置 1.9A MOS 管，设置了软启动等可延长电池寿命。还提供了保护功能，如欠压锁定、电流限制和热关机等，AX5511 内部功能框图如图 6-50 所示。

AX5511 的 5 只引脚采用 TSOT23 – 5L 封装如图 6-51 所示。

AX5511 的 5 只引脚的功能是：1 脚 SW 内接 N 沟道 MOS 管 D 极，外部连接电源电感和电源输出；2 脚 GND 接地；3 脚 FB 为反馈输入端；4 脚 EN 为该转换器开/关控制输入端，

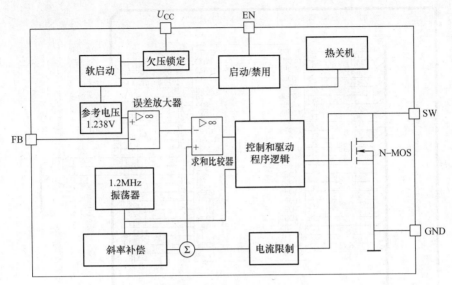

图 6-50 AX5511 内部功能框图

当高电平输入时打开转换器，低电平输入时使其关闭；5 脚 VCC 为电源输入端，外接锂电池正极。

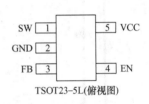

TSOT23-5L(俯视图)

图 6-51 AX5511 的引脚封装

纳乐空气卫士 3.0 的 5V 间隙供电电路的工作原理是：场效应晶体管 Si2301 的 G 极接开关管 S8050 的 c 极，场效应晶体管 Si2301 的 S 极连接 AX5511 的 4 脚 EN，开关管 S8050 的 b 极连接 STM8S105K4 的 13 脚 PB3。AX5511 的开/关控制实际是由微处理器 STM8S105K4 的 13 脚 PB3 输出控制。

4. LCD 显示电路

纳乐空气卫士 3.0 的 LCD 显示电路由纳乐自己开模的 LCD 显示屏和 HT1621B LCD 驱动器组成，如图 6-52 所示。

HT1621B 是 128 点、内存映象和多功能的 LCD 驱动器，它的软件配置特性使它适用于多种 LCD 应用场合，包括 LCD 模块和显示子系统。用于连接主控制器和 HT1621B 的引脚只有 4 或 5 条，HT1621B 还有一个节电命令用于降低系统功耗，HT1621B 外形如图 6-53 所示，HT1621B 内部结构框图如图 6-54 所示。

HT1621B   LCD 驱动器的主要性能如下。

1）工作电压：2.4~5.2V。

2）内嵌 256kHz RC 振荡器。

3）可外接 32kHz 晶片或 256kHz 频率源输入。

4）可选 1/2 或 1/3 偏压和 1/2、1/3 或 1/4 的占空比。

5）片内时基频率源。

6）蜂鸣器可选择两种频率。

7）节电命令可用于减少功耗。

8）内嵌时基发生器和看门狗定时器 WDT。

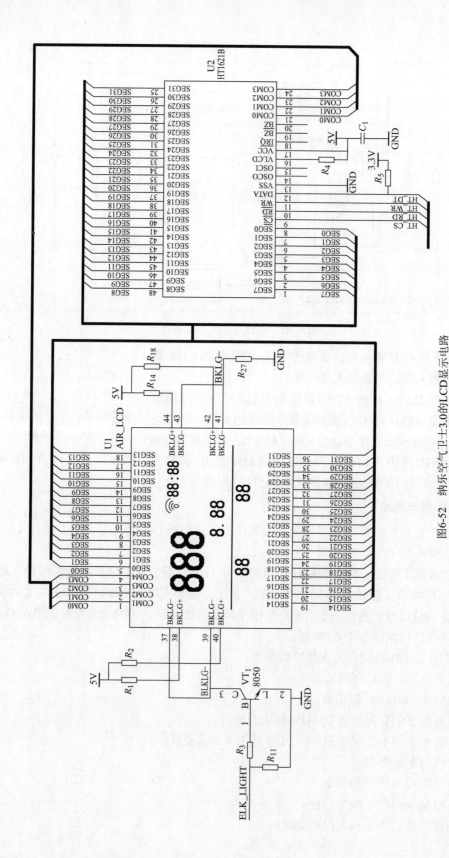

图6-52 纳乐空气卫士3.0的LCD显示电路

图 6-53　HT1621B 外形

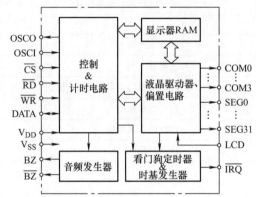

$\overline{CS}$: 片选　BZ, $\overline{BZ}$: 声音输出　$\overline{WR}$, $\overline{RD}$, DATA: 串行接口
COM0~COM3, SEG0~SEG31: LCD输出
$\overline{IRQ}$: 时基或WDT溢出输出

图 6-54　HT1621B 内部结构框图

9）时基或看门狗定时器溢出输出。

10）八个时基/看门狗定时器时钟源。

11）一个 32×4 的 LCD 驱动器。

12）一个内嵌的 32×4 位显示 RAM 内存。

13）四线串行接口。

14）片内 LCD 驱动频率源。

15）软件配置特征：数据模式和命令模式指令，3 种数据访问模式。

16）提供 VLCD 引脚用于调整 LCD 操作电压。

HT1621B　LCD 驱动器的底座插口描述见表 6-6。

表 6-6　HT1621B LCD 驱动器的底座插口描述

插口号	插口名	I/O	功 能 描 述
1	$\overline{CS}$	I	片选输入，接一上拉电阻 当$\overline{CS}$为高电平，读写 HT1621B 的数据和命令无效，串行接口电路复位；当$\overline{CS}$为低电平和作为输入时，读写 HT1621B 的数据和命令有效
2	$\overline{RD}$	I	READ 脉冲输入，接一上拉电阻 在$\overline{RD}$信号的下降沿，HT1621B 内存的数据被读到 DATA 线上，主控制器可以在下一个上升沿时锁存这些数据

插口号	插口名	I/O	功 能 描 述
3	$\overline{WR}$	I	WRITE 脉冲输入，接一上拉电阻 在/WR 信号的上升沿，DATA 线上的数据写到 HT1621 B
4	DATA	I/O	外接上拉电阻的串行数据输入/输出
5	V_{SS}	I	负电源；地
6 7	OSCI OSCO	I O	OSCI 和 OSCO 外接一个 32.768kHz 晶振用于产生系统时钟；若用另一个外部时钟源，应接在 OSCI 上；若用片内 RC 振荡器，OSCI 和 OSCO 应悬空
8	VLCD	I	LCD 电源输入
9	V_{DD}	I	正电源
10	IRQ	O	时基或看门狗定时器溢出标志，NMOS 开漏输出
11，12	BZ /BZ	O	声音频率输出
13 ~ 16	COM0 ~ COM3	O	LCD 公共输出口
17 ~ 48	SEG0 ~ SEG31	O	LCD 段输出口

5. WiFi 网络模块

纳乐空气卫士 3.0 的 WiFi 网络模块采用上海汉枫电子科技有限公司的 HF - LPB100，有关 HF - LPB100 模块的详细介绍，参看本书 3.4.3 的内容。

6.3.4 软件设计流程图

纳乐空气卫士 3.0 的软件设计流程图如图 6-55 所示。

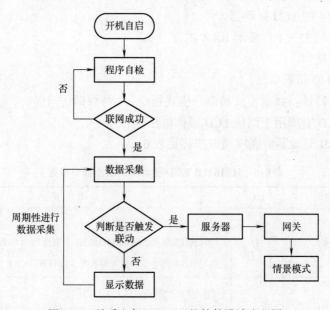

图 6-55 纳乐空气卫士 3.0 的软件设计流程图

6.4 实训6 传感器应用设计

1. 实训目的

1）熟悉智能家居常用传感器的性能与主要参数。

2）绘制传感器应用产品整机框图。

3）掌握电源电路和主芯片电路的设计。

2. 实训场地

当地实验室或科研单位。

3. 实训步骤与内容

1）分小组讨论确定传感器应用产品的项目。

2）绘制产品整机框图。

3）绘制产品各单元电路原理图。

4）采购所需电子元器件。

5）组装调试传感器应用产品。

6）编写产品使用说明书。

4. 实训报告

编写产品制作过程心得体会。

6.5 思考题

1. 纳乐智能家居产品的设计理念是什么？

2. 纳乐网关的主要功能有哪些？

3. 纳乐网关的主要电路有哪些？

4. 简述纳乐网关电源电路的工作原理。

5. 纳乐空气卫士3.0的主要功能有哪些？

6. 纳乐空气卫士3.0的电源电路有何特点？

参 考 文 献

[1] 刘修文，等．智能硬件开发入门［M］．北京：中国电力出版社，2018.

[2] 刘修文，徐玮，等．物联网技术应用——智能家居［M］．北京：机械工业出版社，2015.

[3] 杨振江，等．基于STM32 ARM处理器的编程技术［M］．西安：西安电子科技大学出版社，2016.

[4] 潘永雄．STM8S系列单片机原理与应用［M］．西安：西安电子科技大学出版社，2015.

[5] 任保宏，徐科军．SP430单片机原理与应用——MSP430F5××/6××系列单片机入门、提高与开发［M］．北京：电子工业出版社，2014.

[6] 陈东群．传感器技术及实训［M］．北京：机械工业出版社，2012.

[7] 金发庆．传感器技术与应用［M］．3版．北京：机械工业出版社，2012.

[8] 陈黎敏．传感器技术及其应用［M］．2版．北京：机械工业出版社，2015.

[9] 季顺宁．物联网技术概论［M］．北京：机械工业出版社，2013.

[10] 董健．物联网与短距离无线通信技术［M］．2版．北京：电子工业出版社，2016.

[11] 柴远波，赵春雨，等．短距离无线通信技术及应用［M］．北京：电子工业出版社，2015.

[12] 夏清，等．Arduino应用技能实训［M］．北京：中国电力出版社，2016.

[13] 丘森辉，宋树祥，等．基于嵌入式系统的物联网开发教程［M］．北京：电子工业出版社，2017.

[14] 梁建武．Linux基础及应用教程［M］．2版．北京：中国水利水电出版社，2017.

[15] 沙祥．嵌入式操作系统实用教程［M］．北京：机械工业出版社，2017.

[16] 王志良，于泓，等．大学生工程创新［M］．北京：机械工业出版社，2017.

[17] 上海汉枫电子科技有限公司．HF-LPB100低功耗嵌入式WiFi模组用户手册V1.9 2015-7-20.